特色名校技能型人才培训规划教材

600 MW超临界机组仿真培训教程

主　编　马培峰
副主编　周　慧　叶永强
　　　　王光强　吴世双

中国矿业大学出版社
· 徐州 ·

内 容 提 要

本书分绪论、机组设备及其系统、机组启动、机组停运、机组运行与调整、机组主要辅机运行、机组电气设备运行和机组事故处理八个部分，简要介绍了典型 600 MW 超临界机组设备及系统，全面、系统地介绍了典型 600 MW 超临界机组启动、停运、运行与调整的具体操作步骤和方法，详细介绍了其主要辅机及辅助系统的操作程序以及机组常见典型事故的现场应急处置操作等内容。

本书简洁明了，重点突出，层次分明，实用性强，既可作为 600 MW 超临界机组运行人员仿真操作培训教材，也可作为该类型机组运行技术管理人员和有关工程技术人员的参考用书。

图书在版编目(CIP)数据

600 MW 超临界机组仿真培训教程 / 马培峰主编. —徐州 ：中国矿业大学出版社，2019.12

ISBN 978 - 7 - 5646 - 1610 - 6

Ⅰ. ①6… Ⅱ. ①马… Ⅲ. ①超临界机组—系统仿真—技术培训—教材 Ⅳ. ①TM621.3

中国版本图书馆 CIP 数据核字(2019)第 239108 号

书　　名　600 MW 超临界机组仿真培训教程
主　　编　马培峰
责任编辑　褚建萍
出版发行　中国矿业大学出版社有限责任公司
（江苏省徐州市解放南路　邮编 221008）
营销热线　(0516)83884103　83885105
出版服务　(0516)83885789　83884920
网　　址　http://www.cumtp.com　**E-mail**:cumtpvip@cumtp.com
印　　刷　江苏淮阴新华印务有限公司
开　　本　787 mm×1092 mm　1/16　**印张** 10.5　**字数** 262 千字
版次印次　2019 年 12 月第 1 版　2019 年 12 月第 1 次印刷
定　　价　66.00 元

序

徐州电力高级技工学校始建于1975年，原隶属江苏省电力工业局，2007年12月转隶中国神华能源股份有限公司国华电力分公司。2017年4月26日，学校升格为中国神华能源股份有限公司国华电力分公司的二级单位，更名为神华国华电力公司职工技能培训学校，保留徐州电力高级技工学校的办学资质。学校是一所集职业培训、技能鉴定、资格认证、岗位能力评估、学历教育和技术服务为一体的综合性教育培训机构。

栉风沐雨40多年，学校以其得天独厚的培训鉴定资质、过硬的师资队伍和配套齐全的实训设施，在广大教职员工的辛勤耕耘下，为电力行业培养输送了18 600多名中专技校毕业生，完成了各类技能培训36 000多人次、技能鉴定24 000多人次，为电力企业的发展提供了强有力的人才及培训支撑。

国家电力体制改革和供给侧改革，必将引起电力生产管理机制的巨变，也必然会给电力相关的技术培训带来新的要求。这对神华国华电力公司职工技能培训学校来讲，是难得的机遇，同时也是巨大的挑战。

学校在升格管理后，利用资源优势，承接了上级公司多项培训、鉴定任务；未来还将拓宽业务面，开展多层次多类别的培训项目。为了更好地提高培训管理标准，打造特色，提升定位，学校组织编写了此套“特色名校技能型人才培训规划教材”丛书。在编写过程中，本套丛书遵循“不忘本来、吸收外来、面向未来”的原则，保留传统，创新思维，注重实用，力求既能理论与实践紧密结合，又能突出职业技能培训特点。本套丛书既可作为企业职工集中培训的教材，又可作为在职专业人员继续深造和提升技能的指导书。

相信这套丛书的出版，将对电力技能培训工作发挥积极的作用。

2019年6月

序

前　言

目前，600 MW 超临界机组已成为我国的主力发电机组。该类型机组技术先进，操作和控制复杂，价格昂贵。近年来多次出现该类型机组因运行人员操作、分析、判断和处理能力不足而引发的非计划停运和设备损坏事件。因此，为提高运行人员实际操作及事故处理能力，促进运行人员操作技能的整体提升，确保机组安全、环保、稳定及高效运行，利用仿真机资源不断强化运行人员培训已成为当前仿真培训的主要工作。然而，目前适合该类型机组仿真培训的书籍很少，不能满足实际仿真培训工作的要求。针对这一现状，神华国华电力公司职工技能培训学校组织专家、教师和工程技术人员编写了这本书。

本书以上海锅炉厂有限公司引进的阿尔斯通公司生产的 SG1913/25.40-M950П 型锅炉、上海汽轮机厂有限公司制造的 N600-24.2/566/566 型超临界汽轮机、上海电气集团股份有限公司制造的 QFSN-630-2 型发电机为例，简要介绍了典型 600 MW 超临界机组设备及系统，全面、系统地介绍了典型 600 MW 超临界机组启动、停运、运行与调整的具体操作步骤和方法，详细介绍了其主要辅机及辅助系统的操作程序以及机组常见典型事故的现场应急处置操作等内容。这些内容对该类型机组运行人员仿真操作培训具有很强的针对性和实用性。

本书简洁明了，重点突出，层次分明，实用性强，既可作为 600 MW 超临界机组运行人员仿真操作培训教材，也可作为该类型机组运行技术管理人员和有关工程技术人员的参考用书。

本书由马培峰担任主编，周慧、叶永强、王光强、吴世双担任副主编，王志军担任主审。参加编写与审定的人员都是长期从事 600 MW 超临界机组运行技术管理和仿真培训教学工作的工程技术人员和仿真培训教学人员，具有深厚的专业理论基础和丰富的机组运行工作经验。

本书的出版得到了中国矿业大学出版社的大力支持和帮助，在此表示衷心感谢。

由于时间仓促，编者水平所限，书中定有不足之处，敬请读者批评指正。

编　者

2019 年 6 月

目　　录

第一章 绪 论

火电机组仿真培训系统俗称火电机组仿真机,以下简称仿真机,它是利用火电机组模型技术,计算机硬件、软件技术,电子、仪器仪表以及多媒体等技术开发的,用于机组运行人员技能培训的装置。开发仿真机所涉及的技术统称为仿真机技术。由于其涉及热能、电力、自动化、计算机等各专业领域,因此仿真机技术带有突出的综合性技术的特点。它是计算机仿真技术在火电机组运行人员培训方面的一个典型的应用。

第一节 仿真机的基本功能

仿真机的基本功能主要包括培训功能和系统分析功能,此外还包括教练员站功能和工程师站功能。

一、培训功能

仿真机的最主要功能是对运行人员的培训,为人员培训提供逼近真实机组运行特性的监视、操作手段,主要包括在仿真机上进行机组正常情况下的启动(含启动前试验)、停机、正常运行调整的培训功能,在仿真机上进行机组异常状态下处理异常事件的培训功能。

机组正常启停及运行调整是指机组本身无异常情况下正常冷态及热态启动(含启动前试验)、正常停机、紧急停机以及各种工况下正常调整等实际电厂可能存在的任何运行方式,其培训功能是使受训人员深入掌握各种运行工况的操作知识和技能。机组异常情况是指机组在各种运行工况下突然出现机组系统内设备故障(含控制装置)和系统外故障,其培训功能是使受训人员掌握异常情况的处理技能。

仿真机同样应具备在机组正常工况下因运行人员操作不当而造成各种异常情况的培训功能。如调整不当造成超温、超压等,以及这种异常引发各种保护回路动作的过程,应允许运行人员在各种情况下予以纠正操作,以防故障扩大。

二、系统分析功能

仿真机作为一个工具,不仅可以用来试验不同的启动或停止机组的方式,甚至试验在各种正、异常工况下机组的操作方式,还可以用来试验不同控制器参数或不同控制回路结构下的性能。尽管这些试验目前仅能得到一些定性的结果,但仍然是具有一定意义的。如用仿真机进行各种控制、逻辑保护及运行方式自动切换等回路的试验,可以对这些回路设计的正确性给出验证。

三、教练员站功能

作为一个培训装置,为了使仿真培训方便、高效,仿真机需要有一个教练员站。通过该站，教练员可以启动、停止仿真机并控制、监视仿真培训的过程。教练员站通过以太网与主机中的模型软件、支撑系统等相连。教练员站功能丰富与否直接影响仿真培训的效果。教练员站一般应包括下列功能：装入、存储模型和机组初始运行工况的功能，加入故障模拟功能，模型加速、减速功能。

除了上述功能外，教练员站一般还有模型冻结、解冻功能，盘台及仪表故障模拟功能，模型回退、重演功能，培训中事件记录功能，学员成绩评定功能，模型运行状态监视功能等。

利用上述功能，教练员可以方便地启动和控制仿真机运行和培训过程。

四、工程师站功能

仿真机在使用中会存在模型和软件的修改、扩充和不断完善问题。为此，仿真机设计了一台工程师站，工程技术人员可以通过该站，经以太网修改主机系统中的模型和各功能软件。

工程师站一般应包括下列功能：模型的建立、调试和修改，教练员站功能的构置，各种输入/输出(I/O)功能及仿真软件文本文件的管理等。

第二节　仿真机的基本组成

仿真机由硬件系统和软件系统两部分组成。

一、仿真机的硬件

仿真机的硬件由以下几部分组成：

① 仿真主计算机；

② 分散控制系统(DCS)仿真计算机；

③ 就地操作站计算机；

④ 盘台及仪表硬件系统；

⑤ I/O 接口系统；

⑥ 教练员站、工程师站计算机；

⑦ 火焰、水位仿真计算机。

仿真机的核心硬件是仿真主计算机，一般选用高档工作站或服务器即可。DCS 仿真计算机，就地操作站计算机，教练员站、工程师站计算机，火焰、水位仿真计算机均选用当前流行的微型计算机。盘台及仪表硬件系统是实际电厂主控盘台的复制品，只是指示设备要进行信号制改造，以便与 I/O 接口系统信号相适应。某些贵重仪表系统如汽轮机监测仪表系统(TSI)等采用仿真仪表以减少费用。仿真主计算机与盘台及仪表硬件系统之间通过 I/O 接口系统相连，仿真主计算机与 DCS 仿真计算机之间则通过高速以太网设备相连。

二、仿真机的软件

在前面，我们讨论了仿真机各硬件部分，但要真正实现其各项功能还依赖仿真机的软件系统。仿真机的软件系统包括：

① 机组数学模型软件；

② DCS操作员站仿真软件；

③ 就地操作站软件；

④ 火焰、水位等环境仿真软件；

⑤ I/O及网络通信软件；

⑥ 教练员站功能软件；

⑦ 仿真支撑软件及工程师站软件。

第三节 仿真机技术的新发展

随着科技进步及计算机技术的发展，仿真机技术发展到一个新的阶段，主要包括以下新功能。

一、培训管理功能

培训管理功能主要包括上机人员签到统计，培训时间统计，关键参数自动记录或设备报警，自动生成培训操作记录详细报表并可条件查询、输出和打印，方便教练员掌握和统计培训人员、培训所用时间、具体的培训项目等，设置人员权限防止人员误更改程序，特定培训内容能自动评分。

二、远程培训功能

远程仿真是以互联网技术为基础的仿真培训模式。它以高精度的机理模型和虚拟控制器技术为核心，将不同类型的发电设备、控制系统和运行规范集成在统一的技术平台中，多种类型的电站仿真系统模型运行于远程数据中心(IDC)。在此基础上，互联网远程用户通过广域网登录，经过身份验证后分配相应的系统资源，在多种类型的机组模型集合中任意选择机组模型，可以实现远程培训和远程维护功能。

运行人员以网络账户远程登录，通过远程享受网络化培训服务，教练员与学员之间实现实时通信和可视化培训。学员在远方完成整体单元机组的启动、停机、试验、故障培训过程。教练员可以随时监控，给予指导和答疑，并远程实操考评。

三、在线仿真功能

仿真机可以通过网络与生产现场火力发电厂厂级监控信息系统(SIS)相连，从SIS中读取现场的数据并存储，从而建立与实际机组物理特性一致的精细仿真电厂机组模型，再现与实际机组一致的运行状态和机理。通过网络与现场SIS相连，仿真机从指定机组的相对稳定工况转化为仿真培训的初始化工况。在线仿真主要功能如下：现场过程控制系统实时数据采集和校验，设备状态在线载入和控制系统研究，运行状态初始化，在线同步仿真，历史重演与工况转换等。

四、分组培训功能

为了适应多组人员同时培训的要求，分组培训功能可实现仿真机组的一机多模或一模多用。各组之间独立培训互不影响，每台下位机均可运行DCS操作员站或就地操作站等应用软件。在同一培训过程中，每组学员可以操作不同的仿真系统，也可以选择同一仿真系统进行不同工况的操作。

在培训控制台上不仅可以进行网络分组配置，同时还可以通过即时通信软件监视模型站和监控站的屏幕。通过培训控制台可以对各台模型机统一进行装入模型、更换工况、运行、冻结、设置故障等操作，从而为每个学员构建相同的培训环境。

第二章　机组设备及其系统

目前，600 MW 超临界机组已成为我国的主力发电机组，其仿真培训已经成为火力发电仿真培训的主要任务。600 MW 超临界机组设备及其系统主要包括锅炉设备及其系统、汽轮机设备及其系统、电气设备及其系统和机组分散控制系统。

第一节　锅炉设备及其系统

锅炉是指利用燃料的燃烧热能或其他热能加热给水以生产规定参数和品质的蒸汽的设备。用于发电的锅炉称电站锅炉。电站锅炉中的“锅”指的是汽水工质流经的各个受热面，一般包括省煤器、水冷壁、过热器及再热器等；“炉”一般指的是燃料的燃烧场所及烟气通道，如炉膛、水平烟道及尾部烟道等。

一、锅炉本体

本机组锅炉为 600 MW 超临界机组锅炉。该锅炉采用单炉膛、一次中间再热、四角切圆燃烧、平衡通风、固态排渣、全钢架悬吊 Π 型结构，其型号为 SG1913/25.40-M950Π。该锅炉的额定参数是超临界参数，其运行方式为变压运行。

锅炉炉膛宽 18 816 mm、深 17 696 mm，从炉膛冷灰斗进口(标高 8 300 mm)到标高 49 670 mm 处的炉膛由螺旋管圈水冷壁组成，从标高 49 670 mm 到炉顶棚管(标高 71 850 mm)处的上部炉膛由光管焊接成的垂直水冷壁组成。在炉膛上部布置有分隔屏过热器和后屏过热器，水平烟道内沿烟气的流动方向依次布置高温再热器和高温过热器，尾部烟道内沿烟气流动方向依次布置低温再热器和省煤器。

二、汽水系统

给水管路的来水进入位于尾部竖井后烟道下部的省煤器，水流经省煤器受热面吸热后，进入螺旋水冷壁，再到垂直水冷壁，然后引入汽水分离器进行汽水分离。从汽水分离器分离出来的水进入储水罐排往凝汽器；蒸汽则依次流经顶棚处、后烟井处、水平烟道处、两侧墙处过热器，经一级喷水减温器调温后进入后屏过热器，后屏过热器出口蒸汽经二级喷水减温器调温后再进入左右交叉的末级过热器，末级过热器出口的过热蒸汽送至汽轮机高压缸。

汽轮机高压缸排汽进入位于对流烟井上部的低温再热器，低温再热器出口蒸汽由两根导汽管引出，左右交叉后进入位于水平烟道内的末级再热器，末级再热器出口的再热蒸汽送至汽轮机中压缸。再热蒸汽的温度通过调整燃烧器的摆动角度和改变喷燃器的运行层别进行控制，在低温再热器入口管道上布置再热器微调喷水减温器作为辅助调节手段。

三、启动旁路系统

在锅炉点火之前，为减少流动的不稳定性和保证水冷壁管壁温度低于允许值，需要保持一个不低于水冷壁最小流量的给水流量，但由于在启动阶段给水吸收热量较少，水无法完全蒸发生成水蒸气，且这部分水不能进入过热器系统，这就需要在过热器之前建立一个启动旁路系统将多余的水排出。

启动旁路系统采用内置式汽水分离器，在炉前沿宽度方向垂直布置两个汽水分离器，每个汽水分离器分别由两根导管将水冷壁出口的工质引入。在机组启动阶段或锅炉负荷低于30％锅炉最大连续蒸发量(BMCR)时，启动旁路系统处于运行状态，工质在汽水分离器中进行汽水分离后，蒸汽进入顶棚过热器继续加热，饱和水经疏水管引至一个储水箱。储水箱下方设有两根管道分别通至除氧器和大气式扩容器，每根管道上分别设有调节门，可根据不同状况控制汽水分离器水位并回收工质和热量。在大气式扩容器中，扩容出的蒸汽通过管道从炉顶上方排入大气，水进入集水箱后经两台疏水泵排至凝汽器。

四、风烟及制粉系统

锅炉风烟系统包括一次风系统和二次风系统。

一次风系统的主要作用是输送煤粉。除此之外，一次风系统还向制粉系统提供热一次风和冷一次风，同时向磨煤机、给煤机等设备提供密封风。

二次风系统的主要作用是强化燃烧。二次风经空气预热器加热后直接送入炉膛，可强化炉膛燃烧。

风烟系统配置两台三分仓容克式空气预热器，采用两台送风机和两台引风机同时运行的平衡通风方式。另外，风烟系统还设有两台一次风机。

送风机和一次风机将冷空气送往空气预热器，冷空气在空气预热器中与锅炉尾部烟气换热被加热成热风，热二次风一部分送往喷燃器助燃，另一部分送往燃尽风喷口保证燃料充分燃尽。热一次风送往磨煤机与冷一次风混合，实现煤粉的输送、分离和干燥。在送风机后、空气预热器前冷风管上装有联络风门，空气预热器出口也设有平衡入炉二次风压的联络风门，此连接可保证当一台送风机故障时，两侧空气预热器仍可以向炉膛均匀送风，从而保证燃烧稳定性和沿炉膛温度分布均匀，减少热偏差。为了防止空气预热器冷端腐蚀，从二次热风出口管道引出热风再循环管至送风机进口，加热二次冷风。

燃料在炉膛内燃烧产生的热量，主要以辐射传热的方式传递给炉膛水冷壁和屏式过热器，炉膛排出的热烟气依次通过高温再热器、高温过热器后进入对流竖井。在对流竖井内依次布置有低温再热器和省煤器。在上述受热面中高温烟气主要以对流传热的方式将热量传递给工质，烟气的温度逐渐降低。由对流竖井引出的烟气分两路进入空气预热器进行最后冷却，再经电除尘器净化后通过两台引风机送入脱硫系统进行脱硫处理，净化后的烟气经烟囱排入大气。

锅炉制粉系统配备六台磨煤机，正常工况下保持五台运行，一台备用。系统配置中速碗式磨煤机、胶带式电子称重给煤机，采用正压直吹式设计。根据机组负荷指令调节给煤机驱动电机转速来调节进入磨煤机的煤量。在磨煤机本体中磨制的煤粉被加热干燥和分离后，粒度合格的煤粉通过四根煤粉管道送往相应的煤粉燃烧器燃烧，粒度较大的煤粉落入磨盘继续进行破碎。

五、锅炉主要参数

过热蒸汽流量	1 913 t/h
过热蒸汽出口压力	25.40 MPa
过热蒸汽出口温度	571 ℃
再热蒸汽流量	1 586 t/h
再热蒸汽进口压力	4.35 MPa
再热蒸汽出口压力	4.16 MPa
再热蒸汽进口温度	310 ℃
再热蒸汽出口温度	569 ℃
锅炉给水温度	282 ℃
锅炉计算热效率	93.52%
热一次风温度	329 ℃
热二次风温度	342 ℃
锅炉排烟温度	129 ℃
锅炉燃料消耗量(设计煤种)	250.96 t/h

第二节　汽轮机设备及其系统

汽轮机是一种以蒸汽为动力并将蒸汽的热能转化为机械能的旋转动力设备。它接收锅炉送来的蒸汽，将蒸汽的热能转换为机械能，驱动发电机发电。汽轮机设备是现代火力发电厂的三大主要设备之一，主要包括调节保护及供油系统、汽水系统、抽汽系统、旁路系统、真空系统及数字电液调节系统(DEH)等。

汽轮机型号为N600-24.2/566/566。该汽轮机是超临界压力、一次中间再热、单轴、三缸、四排汽凝汽式汽轮机。

一、汽水系统

从锅炉来的新蒸汽进入高压缸，在高压缸中做功后送到锅炉再热器进行中间再热，再热后的蒸汽再送至中压缸继续做功，中压缸排汽经连通管送往两个低压缸继续做功。低压缸排汽排到凝汽器，排汽在凝汽器中经循环水冷却后凝结成水(凝结水)，随后由凝结水泵升压流经化学精除盐装置后送到轴封冷却器，依次流过四台低压加热器、一台除氧器。从除氧器下来的给水经给水泵升压后依次经过三台高压加热器，最后进入锅炉加热，产生的新蒸汽进入下一轮循环。

二、抽汽系统

机组采用八级非调整抽汽(包括高压缸排汽)。一、二、三级抽汽分别供给三台高压加热器用汽;四级抽汽供汽至除氧器、锅炉给水泵汽轮机和辅助蒸汽系统等;五、六、七、八级抽汽分别供给四台低压加热器用汽。

三、汽动给水泵组

机组配置两台50%额定容量的汽动给水泵和一台30%额定容量的电动给水泵,汽动给水泵的给水前置泵与主泵不同轴。在正常运行工况下,给水泵汽轮机的汽源来自辅助蒸汽系统或四级抽汽;给水泵汽轮机的排汽经排汽管道和排汽蝶阀排到主机凝汽器。给水泵汽轮机为单缸、单流、冲动式、纯凝汽式,其排汽方式采用向下排汽。

四、旁路系统

机组设有两级串联的高压、低压旁路系统。该旁路系统具有100%BMCR高压旁路容量和100%BMCR(相对主蒸汽流量)低压旁路容量。每台机组安装一套高压旁路系统,该系统从锅炉过热器出口蒸汽管接出,经减压、减温后接至再热冷段蒸汽管道,其减温水取自给水泵出口给水管道系统。每台机组安装两套低压旁路系统,该系统从汽轮机中压缸入口前再热蒸汽两根支管分别接出,经减压、减温后接入凝汽器。其减温水取自凝结水精处理装置入口前的凝结水系统。高压、低压旁路系统包括蒸汽控制阀、减温水调节门、关断阀和控制装置。

五、凝结水系统、循环水系统及真空系统

凝结水系统的凝汽器采用的是双背压、双壳体、单流程、表面冷却式凝汽器。

凝结水系统设两台100%容量的凝结水泵,其中一台运行,另一台备用。

循环水系统设两台100%容量的立轴、固定转速、固定叶片、湿坑单级斜流电动循环水泵,其中一台运行,另一台备用。

真空系统设四台水环式真空泵,其中两台运行,另两台备用。

六、数字电液调节系统

机组采用的数字电液调节系统的转速可调范围为(0～110)%×3 000 r/min。数字电液调节系统包括一套抗燃油(EH油)系统,该EH油系统由两台EH油泵、循环油泵及附属设备组成,正常运行时EH油泵一台运行,另一台备用,该EH油系统的正常工作压力为(14±0.5) MPa。

七、密封油系统

密封油系统采用空、氢侧双油环密封瓦结构。空侧密封油设有一台空侧交流密封油泵与一台空侧直流事故密封油泵,正常运行时空侧交流密封油泵运行,空侧直流事故密封油泵

备用。氢侧密封油设有两台交流密封油泵，其中一台运行，另一台备用。空侧密封油还设有两台排烟风机(防爆风机)，其中一台运行，另一台备用。另外，密封油系统还设有两组空侧冷油器和滤网、两组氢侧冷油器和滤网、一个空侧回油箱、一个氢侧回油箱、一个工作压差阀、一个备用压差阀、两个平衡阀以及其他仪表阀门等。

八、开式冷却水系统

开式冷却水系统设有两台开式循环水泵，其中一台运行，另一台备用；设有两台表面式闭式循环水冷却器，表面式闭式循环水冷却器分为闭式冷却水侧与循环水侧，正常运行时两台闭式循环水冷却器循环水侧全部投用。开式冷却水系统工作水来自循环水系统，系统供给真空泵冷却器、主机冷油器、闭式循环水冷却器冷却用水。

九、闭式冷却水系统

闭式冷却水系统设有一个容量为 10 m^3 的闭式冷却水箱，补水来自凝结水；设有两台闭式冷却水泵，其中一台运行，一台备用；设有两台闭式循环水冷却器(与开式冷却水系统中的闭式循环水冷却器为同一设备)，正常运行时一台闭式循环水冷却器的闭式冷却水侧运行，另一台闭式冷却水侧停用，夏季环境温度较高时根据要求两台闭式循环水冷却器的闭式冷却水侧全部投用。闭式冷却水系统供给汽轮机、锅炉(除开式冷却水系统用户中的真空泵冷却器、主机冷油器、闭式循环水冷却器和循环水系统用户中的凝汽器、循环水泵电机冷却器、循环水泵轴承润滑水外)的所有用户和脱硫系统用户冷却用水。

十、主机润滑油系统

主机润滑油系统包括一台主油箱、一台交流润滑油泵、一台直流润滑油泵、一台高压备用油泵、三台顶轴油泵、两台排烟风机、两台主机润滑油冷油器和在汽轮机高压缸前轴承箱内的一台主油泵。机组全速后(3 000 r/min)由主油泵供油给主机润滑油系统，启、停机及事故情况下改由交流润滑油泵或直流润滑油泵、高压备用油泵供油。两台排烟风机，其中一台运行，另一台备用。三台顶轴油泵在汽轮机转速为 1 000 r/min 时连锁自动启动和停止。

十一、运行方式

机组采用“定一滑一定”运行方式，在低负荷(不超过 35%额定负荷)工况时，调节汽轮机阀门以满足负荷要求，此时蒸汽压力保持在较低的定值上，一旦负荷需求增加，即进入滑压运行方式，压力升高，负荷增加。当负荷达到 85%额定负荷时，机组运行切换至定压运行方式。

第三节　电气设备及其系统

600 MW 机组电气设备及其系统主要包括发变组系统、主接线系统、厂用电源系统、保安电源系统、直流电源系统、交流不停电电源系统及继电保护和自动装置等。

一、发变组系统

多数 600 MW 火电机组均以发电机-主变压器组接线方式接入厂内升压站，各发电机分别经过强迫油循环风冷(ODAF)无载调压的三相变压器接入主接线系统。发电机引出线至主变压器低压侧通过离相封闭母线连接，封闭母线为自冷式、微正压系统。发电机采用自并励静止励磁系统，由发电机机端通过励磁变压器取得励磁电源，送至可控硅整流器。

(一) 发电机概述

本机组发电机型号为 QFSN-630-2，其排列方式为室内纵向顺列布置。该发电机的冷却方式为水氢氢，其励磁方式为发电机出口接带励磁变压器的全静态励磁系统。

该发电机转子采用国内有成熟经验的气隙取气冷却方式，其他主要结构均保留西屋电气公司原有的成熟可靠结构，如穿心螺杆、磁屏蔽、分块压板固定的定子铁芯、上下层不同截面的定子线圈、刚柔结构的定子端部固定、端盖式轴承、可倾瓦式、双流双环式密封瓦等以保证足够的运行可靠性。

QFSN-630-2 所代表的意义是：额定功率为 630 MW、二极、水氢氢汽轮发电机。其中 QF 代表汽轮发电机，S 代表定子水内冷，2 代表二极，N 代表氢内冷。发电机典型参数如表 2-1 所列。

表 2-1　发电机典型参数

名　称	单位	参数
额定容量	MV·A	667
额定功率	MW	630
额定功率因数		0.9
定子额定电压	kV	20
定子额定电流	A	19 245
额定频率	Hz	50
额定转速	r/min	3 000
额定励磁电压	V	407
额定励磁电流	A	4 145
定子绕组接线方式		YY
冷却方式		水氢氢
励磁方式		自并励静止励磁
定子铁芯绝缘等级	级	F

(二) 主变压器概述

每台机组各设有一台 SFP-720000/500 型三相双绕组变压器，主变压器与发电机单元接线送入 500 kV 升压站。额定电流为 858/20 785 A，冷却方式为强迫油循环风冷，采用无载调压，分接开关的调压范围为(510±2×2.5%)kV。主变压器典型参数如表 2-2 所列。

表 2-2　主变压器典型参数

序号	项　目	参　数
1	额定值	
	a. 额定频率/Hz	50
	b. 额定电压/kV	510±2×2.5%/20
	c. 冷却方式	ODAF
	d. 额定容量/(MV·A)	720
	e. 额定电流/A	858/20 785
	f. 连接组标号	YNd11
2	额定频率、额定电压时空载损耗/kW	≤289.2
3	负载损耗/kW	≤1 111.7
4	效率/%	≥99.77

(三) 励磁系统

本机组发电机励磁装置型号为 MEC5000。大容量的火电机组多采用自并励励磁系统。自并励励磁系统在发电机无电压输出或电压低于 10%空载额定电压时,可控硅整流桥一般无法工作即无整流输出。初励电源一般取自本台机组的 220 V 直流电源系统或利用厂用 400 V 交流电源整流,由起励变压器、二极管模块、接触器及限流电阻、电容组成的起励装置在发电机达额定转速时,短时向发电机转子绕组提供励磁,使之建立空载电压。发电机起励后,当自动励磁调节装置检测到发电机的出口电压达到额定电压的 10%时,励磁调节装置将发电机的励磁调整方式由起励系统切换到自动励磁调节器输出,由自动励磁调节器控制可控硅整流桥输出励磁电流并将发电机出口电压升至额定电压。发电机出口电压达到设定空载额定电压时,起励装置自动退出。

励磁系统主要组成部分如下:

(1) 电源部分:励磁变压器、初励电源等。

(2) 整流部分:整流柜(功率柜)等。

(3) 灭磁部分:励磁开关、灭磁过电压保护柜等。

(4) 数据采集部分:电压互感器(PT)、电流互感器(CT)、分流器等。

(5) 控制部分:自动励磁调节器。

二、主接线系统

发电厂的电气主接线系统是电力系统接线的重要组成部分,它表明该厂的发电机、变压器、断路器、隔离开关、母线和输电线路之间是如何连接及如何接入系统的。

(一) 发电机-主变压器回路

在 600 MW 机组的发电厂中,每台发电机组均采用单元制接线,通过各自的主变压器接入 500 kV 系统。发电机出口不设断路器。

发电机出线端和中性点分别设置两组电流互感器。发电机出线端配置三组电压互感器和一组避雷器。发电机与主变压器之间的连接采用微正压全连式分相封闭母线，高压厂用变压器的电源接在发电机与主变压器低压侧之间。

发电机中性点一般采用经单相接地变压器(二次侧接电阻)接地方式。主变压器高压侧中性点采用直接接地方式。

(二) 500 kV 配电装置

多回 500 kV 系统出线及发变组进线采用户外双母线接线，500 kV 配电装置的设备配置多采用 SF_6全封闭(母线除外)组合电器。

SF_6全封闭组合电器(GIS)集成断路器、隔离开关、接地开关、内装式电流互感器、伸缩节等主要元件以及支架、汇控柜等辅助设备。SF_6全封闭组合电器以 SF_6气体作为绝缘和熄弧介质，所有的导电部分均封闭在充以 SF_6气体的罐体内。它具有体积小、占地面积少、不受外界环境影响、运行安全可靠、配置灵活、维护简单、检修周期长等优点。

三、厂用电源系统

600 MW 机组厂用电源按 6 kV、400 V 两级电压设置，低压厂用变压器和容量大于等于 200 kW 的电动机负荷由 6 kV 系统供电，容量小于 200 kW 的电动机、照明和检修等低压负荷由 400 V 系统供电。

(一) 6 kV 系统厂用电

每台机组设置两台高压厂用工作变压器，电源通过厂用分支母线由各自发电机出口引出。高压厂用工作变压器为普通双绕组油浸式变压器。6 kV 系统为单母线分段，每台机组设两段 6 kV 母线，每台机组的工作负荷均匀地分接于各段上，而全厂的公用负荷则分摊接在各台机组的 6 kV 母线段上。

6 kV 系统厂用电一般专设两台高压启动/备用变压器，均为油浸式变压器。电源通过架空线与 220 kVⅠ段(或Ⅱ段)母线连接，低压侧通过离相封闭母线引至每台机组对应的 6 kV 系统厂用电母线段上，作为每台机组的启动/备用电源。

6 kV 系统为低电阻接地系统，高压厂用变压器的低压侧中性点经低电阻接地。

(二) 400 V 系统厂用电

400 V 系统厂用电系统一种采用暗备用动力中心和电动机控制中心(MCC)的供电方式，另一种采用明备用动力中心和电动机控制中心的供电方式。

每台机组设置两台容量相同的汽轮机低压工作变压器、两台容量相同的锅炉低压工作变压器，每台机组设置两台容量相同的除尘低压工作变压器、一台照明变压器、一台公用变压器、一台检修变压器、一台除灰变压器、一台渣仓变压器、一台灰库变压器。汽轮机、锅炉、除尘侧各两台变压器互为备用；两台机组的照明、公用、检修、除灰、渣仓、灰库变压器互为备用。

低压变压器接线组别为 DYn11，采用暗备用动力中心和电动机控制中心的供电方式。主厂房内所有低压变压器的电源均引自相应厂用 6 kV 段系统。低压绕组中性点直接接地。

四、保安电源系统

每台机组设置一套柴油发电机组，提供机组安全停机所必需的交流电源。柴油发电机直接连接到专用的 400 V 母线上，再由专用 400 V 母线分别供电给两段保安段母线。

保安电源的正常切换可从工作电源切至备用电源，也可从备用电源切至工作电源。保安电源的事故切换是当保安 MCC 段母线电压失压时，经 3～5 s 延时(躲开继电保护和备用电源自动动作时间)，通过保安段母线电压监视继电器及辅助继电器联动柴油发电机组自动启动，同时连锁柴油发电机组馈线断路器合闸，柴油发电机组开始向保安段母线供电。当保安段工作电源恢复时，柴油发电机组经同期检测后与工作电源同期并列，将负荷转移至工作电源后自动或手动停机。

机组接收启动信号启动后，8 s 内达到额定转速。从接收启动信号开始到启动完毕带额定负荷的时间应不超过 12 s。

五、直流电源系统

600 MW 机组直流电源系统一般分为 220 V 动力用直流电源系统和 110 V 控制用直流电源系统。

每台机组 220 V 动力用直流电源系统设置一组 104 块 2 500 Ah 阀控式免维护密封铅酸蓄电池和一套高频开关电源充电装置对动力负荷和直流事故照明负荷供电，每两台机组由母联开关联络，互为备用，每两台机组 220 V 动力用直流电源系统配置一套公用高频开关电源充电装置。每台机组 110 V 控制用直流电源系统由两组 52 块 1 000 Ah 阀控式免维护密封铅酸蓄电池和三套高频开关电源充电装置组成(其中一套备用)。

(一) 220 V 动力用直流电源系统

600 MW 机组设置一套 220 V 动力用直流电源系统，主要向本台机组大、小汽轮机直流事故油泵，空、氢侧密封油泵，交流不停电电源，事故照明等直流动力负荷供电。

220 V 动力用直流电源系统采用单母线接线、辐射状供电方式，每两台机组 220 V 动力用直流电源系统设有联络开关，可以互为备用。充电装置电源一般取自 400 V 保安 MCC 段。

(二) 110 V 控制用直流电源系统

110 V 控制用直流电源系统作为本台机组控制、保护、信号及热控等直流电源。

110 V 控制用直流电源系统采用单母线分段接线、辐射状供电方式，每台机组设有两组 110 V 直流母线，每组 110 V 直流母线带一组蓄电池组，两组 110 V 直流母线间设有联络开关，可以互为备用。充电装置电源取自 400 V 保安 MCC 段。

(三) 500 kV 继电器楼 110 V 控制用直流电源系统

500 kV 继电器楼 110 V 控制用直流电源系统作为 500 kV 系统控制、保护、信号等直流电源。

110 V 控制用直流电源系统采用单母线分段接线、辐射状供电方式，设有两组 110 V 直流母线，每组 110 V 直流母线带一组蓄电池组，两组 110 V 直流母线间设有两组联络开关，可以互为备用。充电装置电源取自 400 V 继电器楼 MCC 段。

六、交流不停电电源系统

每台机组主厂房设置两套交流不停电电源系统(UPS)，脱硫系统设置一套交流不停电电源系统，继电器楼设置两套交流不停电电源系统。UPS 包括整流器、逆变器、静态转换开关、旁路柜(含旁路变压器、稳压器、手动维修旁路开关、二极管等)和交流配电屏等。主厂房 UPS 容量为 100 kV·A，脱硫系统 UPS 容量为 40 kV·A，继电器楼 UPS 容量为 15 kV·A。主厂房 UPS 主机输入的正常电源来自低压厂用电系统，旁路电源来自事故保安电源，主厂房 UPS 主机的直流输入电源来自单元 220 V 直流电源系统，输出交流电源为单相 220 V、50 Hz；脱硫系统 UPS 主机的输入电源取自本单元的脱硫保安电源，脱硫系统 UPS 主机的直流输入电源取自单元 110 V 直流电源系统，输出交流电源为单相 220 V、50 Hz；继电器楼 UPS 主机输入的正常电源和旁路电源均取自继电器楼 400 V MCC 段，继电器楼 UPS 主机的直流输入电源取自继电器楼 110 V 直流电源系统，输出交流电源为单相 220 V、50 Hz。

不停电电源的运行方式是：系统正常由厂用 400 V 电源供给整流器，再经逆变器变为单相交流 220 V 向馈线柜供电；当厂用 400 V 电源消失时，则由蓄电池向逆变器供电；当逆变器故障或检修时，静态开关自动切换至静态旁路电源向馈线柜供电；当静态开关检修时，可手动切换至手动旁路电源向馈线柜供电。

七、继电保护和自动装置

电气一次设备不允许处于无保护状态下运行，运行中的电气一次设备，其保护装置一般应处于完好运行状态，在特殊情况下，必要时按调度范围经有关审批手续后，可停用部分保护，但主保护不允许同时停用。

继电保护和自动装置的检修与试验工作应配合电气一次设备停电进行，只有在下列情况出现时，可以在电气一次设备继续运行的情况下，停用部分继电保护和自动装置：

(1) 有两种及以上的主保护装置。

(2) 有专用主保护在运行时，可允许其后备保护短时停用。

(3) 可临时投入某种备用保护替代退出运行的保护。

(4) 变压器的瓦斯和差动保护，可以允许短时停用一套。

(5) 网调(省调)同意退出运行的继电保护和自动装置。

随着电子技术的不断发展，近年来，大容量机组的电气部分各系统保护均采用了微机型继电保护装置。600 MW 机组的发变组保护采用了国内外各主流继保公司生产的设备。每台机组的发变组保护屏有六面，其中，A、B 柜为按双重化配置的两套完全相同的发电机-主变压器电量保护屏，C 柜为非电量保护屏，D、E 柜为双重化配置的高压厂用变压器电量保护屏，另外一面为通信管理机屏；两台备用变压器保护屏有五面，即两面备用变压器电量保护屏、一面引线保护屏、一面非电量保护屏和一面通信管理机屏。

微机保护运行的注意事项如下：

（1）严禁操作保护装置上的键盘、开关、拨轮。

（2）运行人员不得改变保护定值，电气二次人员不允许随意改变保护定值。

（3）微机保护全停应该将微机保护的跳闸压板全部断开，不允许用停保护直流电源的方法来代替。

（4）装置在运行中，当故障闭锁回路动作时，应立即向当值值长汇报并通知继电保护人员。

（5）微机保护正常运行时，当打印机发生故障时，应及时通知继电保护人员。

（6）运行人员查找直流接地故障时，若必须查找微机保护专用直流电源，需要停用保护时必须经批准后方可进行。

（7）禁止在继电保护室内使用手机、对讲机或其他具有无线电发射功能的通信工具。

（8）当保护动作及装置异常时，应记录保护动作时间及装置面板信号灯情况，向当值值长汇报并通知继电保护人员，和继电保护人员一起复归保护信号。

第四节　机组分散控制系统

机组分散控制系统（DCS）采用的是上海福克斯波罗有限公司生产的 I/A series 控制系统。整个系统由硬件和软件两部分组成，其中硬件主要包括分散处理单元（DPU）、人机接口和数据通信系统等。软件则包括四个功能子系统，它们分别是数据采集系统（DAS）、模拟量控制系统（MCS）、锅炉炉膛安全监控系统（FSSS）和顺序控制系统（SCS）。

一、DCS 的硬件组成

（一）分散处理单元

（1）DCS 采用合适的冗余配置，具有诊断至模件级的自诊断功能，可靠性高。系统内任一组件发生故障，均不会影响整个系统的工作。

（2）DCS 的过程 I/O 及控制功能按工艺流程组态在各处理器内。系统设计结合机组工艺及电气系统的特点，并遵循功能分散和物理分散的原则。系统的参数显示、报警和自诊断功能应高度集中在液晶显示器（LCD）上显示并可在打印机上打印。

（二）人机接口（操作员站）

人机接口的任务是在标准画面和用户组态画面上，汇集和显示有关的运行信息，供运行人员对机组的运行工况进行监视和控制。其基本功能如下：

（1）监视系统内的每一个模拟量和数字量。

（2）显示并确认报警。

（3）显示操作指导。

（4）建立趋势画面并获得趋势信息。

（5）打印报表。

（6）控制驱动装置。

(7) 自动和手动控制方式的选择。

(8) 调整过程设定值和偏置等。

（三）数据通信系统

(1) 数据通信系统将各分散处理单元、I/O 处理系统及人机接口与系统外设连接起来，以保证可靠和高效的系统通信。

(2) 连接到数据通信系统上的任一系统或设备发生故障，均不会导致通信系统瘫痪或影响其他联网系统和设备的工作。通信总线发生故障时，不会引起机组跳闸或使 DPU 不能工作。

(3) 系统提供的通信总线是冗余的(包括冗余通信总线接口模件)，冗余的数据通信总线在任何时候都能同时工作。

(4) 所有挂在数据通信总线上的节点站都能接收数据通信总线上的数据，并可向数据总线上发送数据。

(5) 在机组稳定和受扰动的工况下，数据总线的通信速率可以保证运行人员发出的任何指令均能在 1 s 或更短的时间内被执行。

二、DCS 的软件组成

（一）数据采集系统

DAS 能连续采集和处理所有与机组有关的重要测点信号及设备状态信号，以便及时向操作人员提供有关的运行信息，实现机组安全经济运行。一旦机组发生异常，系统均能及时报警，提高机组的可利用率。

DAS 具有下列功能：

(1) 显示：包括模拟图显示、操作显示、成组显示、棒状图显示、报警显示等。

(2) 制表记录：包括定期记录、事故追忆记录、事故顺序(SOE)记录、跳闸一览记录等。

(3) 历史数据存储和检索。

(4) 性能计算。

（二）模拟量控制系统

(1) MCS 将锅炉、汽轮机、发电机作为一个单元整体进行控制，使锅炉和汽轮机同时响应控制要求，确保机组快速和稳定地满足负荷的变化，并保持稳定运行。

(2) MCS 能满足机组安全启动、停运及定压、滑压运行的要求。

(3) MCS 划分为若干子系统，子系统设计遵守独立完整的原则，以保持数据通信总线上信息交换量最少。

(4) MCS 是采用冗余组态的控制系统，在系统局部发生故障时，不会引起机组的危急状态，并可将这一影响降到最小。

(5) 在机组协调控制方式下，70%～100%负荷范围内，负荷指令以 $3\%P_e$/min 的变化速率、扰动量为 $\Delta P=15\%P_e$ 的定值扰动下，机组各主要被调参数的稳态、动态品质指标如表 2-3 所列。

表 2-3　机组各主要被调参数的稳态、动态品质指标

被调参数	负荷摆动试验动态偏差（3%P_e/min）	自动发电控制（AGC）负荷跟随试验动态偏差（1.5%P_e/min）	稳态下允许偏差
主蒸汽压力/MPa	±0.5	±0.6	±0.3
主蒸汽温度/℃	±8.0	±10	±3
再热蒸汽温度/℃	±10	±12	±4
炉膛压力/Pa	±150	±200	±100
氧量/%	—	—	±1
实际功率变化/（%P_e/min）	不小于 2.2	不小于 1.0	—
负荷响应时间/min	1.5	1.5	—

注：P_e为额定负荷容量。

(6) 锅炉—汽轮机协调控制的功能及模式如下：

① 系统滑压运行方式下，可以满足下列三种升负荷要求。

a. 阀门开度固定/滑压运行

汽轮机阀门保持在某一固定开度位置，蒸汽压力随负荷的增加而上升，当机组负荷上升至 85%额定负荷时，压力达到额定压力，此时系统进入定压运行方式，再增加机组负荷，汽轮机阀门开度增大。

b. 阀门开度固定，并有±10%的调节量

在压力上升、负荷上升到 85%额定负荷的过程中，为使机组响应负荷波动并改善频率的稳定性，允许汽轮机阀门开度在±10%范围内调节。

c. 程序处理

在低负荷（不超过 35%额定负荷）工况时，调节汽轮机阀门开度以满足负荷要求，此时蒸汽压力保持在较低的定值上，一旦负荷需求增加，即进入滑压运行方式。压力增高，负荷增加，汽轮机阀门开度除了±10%调节量以响应负荷波动并改善频率稳定性外，基本保持固定。当负荷达到 85%额定负荷时，机组运行方式切换至定压运行方式。

② 单元机组的三种控制方式为：基本模式（BM）、机跟炉方式（TF）、机炉协调方式（CCS）。

a. 基本模式（BM）

基本模式是一种比较低级的控制模式。

适用范围：机组启动或低负荷运行阶段，机组给水流量控制方式处于手动或异常状态。

控制策略：汽轮机主控和锅炉主控都采用手动运行方式。DEH 采用 OA（自动）控制方式，在该方式下，单元机组的运行由操作员手动操作，机组的实发功率跟踪机组的目标负荷指令，为切换到更高级的控制模式做准备。机组功率变化通过手动设置。

b. 机跟炉方式（TF）

适用范围：汽轮机主控具备自动控制的条件而锅炉主控不具备自动控制的条件。

控制策略：汽轮机主控切至自动控制模式，调节主蒸汽压力；主蒸汽压力值由机组滑压

曲线设定;锅炉主控手动调节机组功率。当锅炉主控采用手动控制运行方式时,机组功率的大小取决于锅炉所能提供的输出负荷的多少,不接受其他任何负荷指令。

c. 机炉协调方式(CCS)

控制策略:汽轮机主控和锅炉主控都切至自动控制方式。

在以炉跟机为基础的机炉协调方式下,锅炉主控调节主蒸汽压力,主蒸汽压力值由机组滑压曲线设定;汽轮机主控既调节机组功率又调节主蒸汽压力,但其调功系数大于调压系数,即调功为主、调压为辅。目标负荷为操作员手动给定,锅炉主控和汽轮机主控同时接收目标负荷的前馈信号,可以参与电网一次调频。机炉协调方式的优点是能够快速响应负荷变化要求;其缺点是锅炉调节波动较大,对锅炉的动态特性要求较高。

机组正常运行时应尽可能采用机炉协调方式。

(三) 锅炉炉膛安全监控系统

(1) FSSS 是 DCS 的一部分,包括燃烧器控制系统(BCS)和燃料安全系统(FSS)。

(2) FSSS 能使运行人员在启动、停机或正常运行的工况下,监视 BCS 和 FSS 的自动过程。

(3) FSSS 具有与 MCS、SCS 及其他控制子系统相同的接口,并能接收和发送为综合整个机组运行工况所要求的信息和指令。通过键盘和 LCD 显示画面,完成所有对被控制对象的操作并获取所有被控制对象手动、自动运行的各种信息。

(四) 顺序控制系统

(1) 启、停时减少机组的启、停时间和操作人员的常规操作内容。在可能的情况下,各子组项的启、停能独立进行。

(2) 对于每一个子组项及其相关设备,它们的状态、启动许可条件、操作顺序和运行方式,均能在 LCD 上显示出来。

(3) 在手动顺序控制方式下,顺序控制系统能为操作员提供操作指导,这些操作指导以图形的方式显示在 LCD 上,一方面可显示下一步应该被执行的程序步骤,另一方面可根据设备状态变化反馈信号,在 LCD 上改变相应设备的颜色。

(4) 运行人员通过手动指令,可修改顺序或对执行的顺序进行跳步操作,但这种运行方式必须满足安全要求。

(5) 顺序控制系统中的每一步均能通过从设备传来的反馈信号得以确认,每一步都能监视预定的执行时间。如果其中的某一步未能在约定的时间内完成,则报警,且禁止程序运行下去。如果引发该报警的故障消除后,运行人员再次启动,可使程序再运行下去。

(6) 在自动顺序控制期间,出现任何故障或运行人员中断信号,都能使正在运行的程序中断并回到安全状态,使程序中断的故障或运行人员指令在 LCD 上显示,并由打印机打印出来。当故障排除后,顺序控制系统在确认无误后再进行启动。

(7) 运行人员可在 LCD 或键盘上操作每一个被控对象。手动操作具有许可条件,以防运行人员误动作。同样,逻辑中提供了相关的连锁,以防设备在非安全或潜在危险工况下运行。设备控制一般分为三种模式:手动控制(操作员控制)、自动控制、备用。

(8) 设备的连锁、保护指令具有最高优先级。手动指令则比自动指令优先。被控设备的“启动”“停止”或“开”“关”指令互相闭锁，且使被控设备向安全方向动作。

(9) 保护和连锁功能始终保持有效，无法由运行人员人工解除。当机组运行工况需要解除顺序控制系统的保护和连锁功能时，系统将采用明显的特殊标志予以标识，以便运行人员了解实际保护和闭锁功能的状态。

(10) SCS 通过连锁、联跳和保护跳闸功能来保证被控对象的安全。用于机组连锁及保护跳闸的信号均采用硬接线连接。

(11) 用于保护的接点(过程驱动开关或其他开关接点)是动合型的，以避免信号电源或回路断电时，发生误动作(采用断电跳闸的重要保护除外)。

(12) SCS 可以监视泵和风机马达的事故跳闸状态。为了便于运行人员迅速查找事故发生原因，在 SCS 中提供所有设备跳闸事件的首出原因的判断逻辑。

第三章 机组启动

机组的启动是指将静止状态的机组转变为运行状态的过程，包括锅炉点火、升温升压、汽轮机冲转、发电机并网、升负荷至额定负荷的全过程，其实质就是一个对设备部件加热升温的过程。如果不重视机组的启动工作，就会在启动过程中出现一些不该发生的异常情况，甚至还会发生危及设备及人身安全的事故，严重影响机组的安全、经济、稳定运行。因此，运行人员必须认真做好机组的启动工作。

按启动时汽轮机金属温度的不同，机组的启动可分为冷态启动、温态启动、热态启动和极热态启动四种启动方式。本章主要介绍机组冷态启动和热态启动两种典型的启动方式。

第一节 机组启动前的准备

机组启动前，设备的检修工作应全部结束，热力工作票和电气工作票都已终结，机组各设备验收合格，各转动机械经试转正常，各项校检和试验工作均应完成并符合要求，各系统符合启动要求。

(1) 锅炉点火前 8 h，将电除尘器灰斗及磁轴加热系统投入运行，将电除尘器灰斗振打装置投入运行。

(2) 打开盘车装置开关及顶轴油泵连锁开关，开启盘车装置进油门。在密封油系统运行正常后，汽轮机冲转前应连续盘车 4 h 以上，特殊情况下不少于 2 h。

(3) 打开所有变送器及测量仪表信号管路取样阀，关闭排污阀；各仪表接通电源；各电动、气动执行机构分别通电及接通汽源；控制盘台上仪表、音响光示盘及操作器通电；所有相关热控系统如分布式控制系统、数字电液控制系统、小汽轮机电液控制系统(MEH)、汽轮机安全监控系统、锅炉炉膛安全监控系统等正常。

(4) 厂用电系统、保安电源系统、直流电源系统、UPS 应工作正常。

(5) 辅助蒸汽、工业冷却水及压缩空气系统运行正常，工质参数正常。

(6) 锅炉炉内及烟、风道内无人，各人孔、检查孔均已关闭。除灰、除尘、吹灰装置处于备用状态。

(7) 锅炉各风门挡板操作灵活，开度指示与实际位置相符。燃烧器摆动灵活，摆角指示正确。

(8) 炉膛火焰监视及电视探头设备完整、位置正确，密封系统及冷却空气系统投入运行。

(9) 机组蒸汽系统、给水系统、减温水系统、循环水系统、凝结水系统、补给水系统、抽汽回热系统、真空系统、疏水系统、化学加药系统等汽水系统正常，系统阀门调整到启动状态。

(10) 制粉系统设备符合投用条件，原煤斗上煤至 10 m 以上，启动磨煤机润滑系统，列入备用。

(11) 点火燃油系统建立油循环，运行正常。按运行规程进行油枪投运前的检查(新安装的油枪在投运前应进行冷态试验且试验合格)，系统各阀门处于启动状态。

(12) 各辅机电动机绝缘良好，接地线完好，将各辅机电动机接通电源，机械部分无卡涩，润滑油油质合格、充足，冷却水、轴封水等均正常。

(13) 汽轮发电机组油系统正常，没有漏油现象，各设备完好，油箱油位正常。如果冷油器出油温度过低，将冷油器进水门关闭，出水门可处于开启位置。冬季可提前启动调节油泵进行油循环或预先加热。

(14) 汽轮机调节系统手动遮断器在脱扣位置，高、中压自动主蒸汽门及调节汽门关闭。

(15) 凝汽器水位正常，凝汽器汽、水侧人孔门关闭。

(16) 除氧器、低压加热器及高压加热器处于完好状态，除氧器水位正常，给水泵处于备用状态。

(17) 发电机密封油系统运行正常。发电机氢气冷却系统可根据需要进行气体置换。

(18) 发电机定子冷却水系统及发电机氢气冷却系统正常。

(19) 旁路系统正常。

(20) 真空系统正常。

第二节 冷态启动

汽轮机侧冷态启动是指当汽轮机高压内缸调节级金属温度和中压缸第一级叶片持环温度小于 204 ℃时的启动方式。锅炉侧冷态启动是指当锅炉启动分离器外壁金属温度小于 100 ℃(或锅炉过热蒸汽压力为 0、停炉时间大于 72 h)时的启动方式。启动过程主要包括锅炉点火、升温升压、汽轮机冲转、发电机并网和升负荷至额定负荷等。

一、锅炉点火前的准备工作

锅炉点火前，各附属设备与系统按下列步骤进行启动：

(1) 在工业水、循环泵冷却水系统运行正常后，运行循环水系统。

(2) 运行开式冷却水系统，将开式冷却水电动滤水器置于自动控制模式。

(3) 将 500 m^3凝结水储水箱水位置于 4 500～6 300 mm 之间，启动凝输泵向凝汽器及凝结水管道注水。

(4) 导通各辅机的冷却水系统和冷却器，向闭式冷却水系统注水，通过空气门将空气排空后，运行闭式冷水系统，控制闭式冷却水压力在 0.6～0.75 MPa 之间。

(5) 运行供仪器(表)用的压缩空气系统，气压不低于 0.65 MPa。

(6) 运行主机润滑油系统，开启高压备用密封油泵，主机润滑油压控制在 0.12～0.15 MPa 之间。

(7) 当发电机内气体压力在 10 kPa 以上时，运行发电机密封油系统，将油氢压差维持在(85±1) kPa 范围内。在发电机气体置换完毕后，氢气纯度应大于 97%。继续充氢气，将其压力提高至 0.2 MPa,运行发电机定子冷却水系统。在发电机氢冷系统、定子冷却水系统运行正常后,继续提高氢气压力至 360 kPa。

(8) 运行顶轴油系统。两台顶轴油泵正常启动,一台备用。维持顶轴油母管压力 14～15 MPa。

(9) 汽轮机冲转前至少保持主机连续盘车 4 h 以上。盘车电流及电流摆动值正常,每小时检查一次各轴瓦及轴封有无异音。

(10) 运行辅助蒸汽系统。开启辅助蒸汽系统供汽门,维持辅助蒸汽系统压力在 0.65～0.85 MPa、温度在 250～350 ℃。

(11) 维持凝汽器水位在 850～950 mm,启动凝输泵向凝结水管道注水、排汽,注水、排汽完毕后,运行凝结水系统,控制凝结水压力不低于 3 MPa。

(12) 在凝结水系统及除氧器冷态冲洗合格后,开启除氧器供汽门,投运除氧器给水加热系统。

(13) 当除氧器内水温大于 50 ℃时,关严除氧器冲洗水至开式冷却水一、二次门。

(14) 启动一台 EH 油泵,油压正常后,另一台 EH 油泵投备用。

(15) 真空系统及轴封系统符合启动条件。

(16) 在高压、低压旁路系统符合启动条件后,投运旁路系统油站。

(17) 投运锅炉燃油系统,开启供油门和回油门,建立锅炉燃油系统的油循环。

(18) 运行油枪吹扫蒸汽系统。

(19) 启动烟风系统润滑油站,油压正常。

(20) 启动制粉系统油站,原煤斗内原煤高度在 10 m 以上。

二、锅炉上水的操作

(1) 关闭高压给水系统所有放水门,关闭主蒸汽管道疏水气动门,开启各手动门。

(2) 关闭省煤器、水冷壁疏水门,开启省煤器出口放空气门。

(3) 开启所有过热器和再热器的疏水门、放空气门。

(4) 关闭过热器和再热器的所有喷水减温截止门、调节门。

(5) 关闭锅炉启动旁路系统暖管管路出入口截止门、调节门。

(6) 开启启动分离器排水电动截止门,将其水位调节门切至自动控制模式。

(7) 锅炉给水流量指示为 0。

(8) 投入启动分离器的高水位保护开关。

(9) 在除氧水含铁量小于 50 μg/L、二氧化硅含量小于 100 μg/L 后,开启电动给水泵进口门、电动给水泵出口门、锅炉给水电动门,给水调节门开至 10%左右,向给水管道及高压加热器水侧注水。

(10) 高压加热器注水完毕后,关闭电动给水泵出口门,启动电动给水泵,使给水在系统循环流动。

(11) 给水温度达到 120 ℃时,就地逐渐开启电动给水泵出口电动门,调整电动给水泵出口压力,以 10%BMCR(190 t/h)左右的流量向锅炉进水,将给水除氧方式切至全挥发性处理(AVT)运行方式。

(12) 待启动分离器水位计显示水位数值且 HV1202A 调节门开度达到 80%时，稳定 2 min，随后逐渐增加给水量至 30%BMCR(574 t/h 左右)，电动给水泵再循环门自动关小直至全关，控制启动分离器水位在 2～4 m 范围内，将启动分离器水位控制方式切至自动控制模式。

(13) 运行轴封供汽系统及真空系统。将汽轮机凝汽器汽侧内空气抽出，凝汽器形成真空。

(14) 将锅炉疏水泵的组合连锁开关切至自动控制模式，启动疏水泵，使给水回到凝汽器。

三、炉膛吹扫的操作

(1) 启动两台空气预热器。

(2) 开启锅炉 A 侧、B 侧风烟系统的所有挡板，将辅助风挡板开度开启至 25%。

(3) 依次启动引风机、送风机。

A 引风机启动条件满足时，启动 A 引风机，调节静叶开度维持炉膛负压在－0.1～－0.15 kPa，将炉膛压力控制切至自动控制方式。

A 送风机启动条件满足时，启动 A 送风机。

B 引风机启动条件满足时，启动 B 引风机，同时调节 A、B 引风机静叶开度至相同位置，保持炉膛负压在－0.1～－0.15 kPa。

B 送风机启动条件满足时，启动 B 送风机，同时调节 A、B 送风机动叶角度，保持总风量为 30%～40%BMCR。

(4) 调节辅助风挡板开度，使风箱与炉膛压差稳定在 0.38～0.40 kPa 范围内，并将辅助风挡板和燃料风挡板切至自动控制方式。

(5) 启动火检冷却风机。

A、B 火检冷却风机启动条件满足时，启动一台火检冷却风机，将另一台火检冷却风机备用。

(6) 炉膛火焰监视电视摄像头的冷却风压大于 1.5 kPa。

(7) 进行炉膛吹扫操作和油系统泄漏试验操作。

(8) 满足锅炉炉膛吹扫的许可条件：

① 任意一台引风机运行。

② 任意一台送风机运行。

③ 燃油进油电磁阀关闭或燃油泄漏试验合格。

④ 所有油枪油角阀关闭。

⑤ 所有磨煤机均停。

⑥ 所有给煤机均停。

⑦ 所有火检装置显示无火。

⑧ 各辅助风挡板在吹扫位。

⑨ 分离燃尽风门关闭。

⑩ 锅炉给水流量不小于 574 t/h。

⑪ 燃烧器摆角在水平位。

⑫ 锅炉总风量大于 30%BMCR。

⑬ 两台一次风机均停。

⑭ 所有磨煤机热风门关闭。

⑮ 两台空气预热器运行。

⑯ 火检冷却风压力正常。

⑰ 锅炉无跳闸指令。

(9) 启动炉膛吹扫,所有二次风挡板置于吹扫位,300 s 后炉膛吹扫成功信号发出,MFT(主燃料跳闸)自动复位,然后进行燃油泄漏试验操作,300 s 后燃油泄漏试验成功信号发出,系统自动投入锅炉各项主保护装置。

四、锅炉点火的操作

(1) 锅炉点火前必须满足下列条件:

① 锅炉冷态冲洗结束,水质合格。

② 维持锅炉最低给水流量在 574 t/h 以上。

③ 锅炉吹扫完成 MFT 自动复位,总风量维持在 30%BMCR 以上。

④ 燃油泄漏试验成功信号发出。

⑤ 锅炉燃油系统的雾化蒸汽系统压力、温度正常。

⑥ 锅炉烟温探针投入运行(炉膛出口烟温大于 540 ℃时发出报警信号,烟温探针自动退出)。

⑦ 汽轮机真空表数值在 80 kPa 以上。

⑧ 汽轮机旁路系统具备投运条件,退出“机跳炉”保护。

(2) 冷态启动时,燃料的启动顺序如下:AB 层油—CD 层油—A 层/B 层煤—B 层/C 层煤—D 层煤—E 层煤—F 层煤。

(3) 运行 AB 层油枪。依次启动 AB 层 1 号角油枪—3 号角油枪—2 号角油枪—4 号角油枪,锅炉油枪投运后,空气预热器吹灰汽源参数正常,投运空气预热器吹灰器,进行连续吹灰,以防止启动阶段燃油燃烧不良,使未燃尽的燃油在空气预热器受热面上沉积造成空气预热器烧坏。

(4) 在油枪运行的过程中,要注意观察启动分离器水位,在锅炉水冷壁汽水发生膨胀时要停止点燃油枪,待汽水膨胀结束且汽水分离器水位恢复正常后,再点燃其他油枪。

五、机组升温升压的操作

(1) 当汽水分离器压力达到 0.2 MPa 时,关闭汽水分离器放气阀,确保水循环稳定。在汽水分离器压力达到 0.5 MPa 前,燃烧率不能增加。

(2) 关闭汽水分离器和过热器放气阀,开启汽轮机旁路阀,控制其开度不大于 5%,经过充分暖管后，随着高压旁路阀后温度升高，将高压旁路阀后压力设定值设为“当前值”，然后将高压旁路阀切至自动控制方式。利用高压旁路减温水调节门控制高压旁路阀后温度在260～320 ℃之间。在点火初期，手动开启汽轮机低压旁路阀，保持其开度10%左右。当再热器压力升高至0.2 MPa时，将低压旁路阀切至自动控制方式。利用低压旁路减温水调节门控制温度在140～160 ℃之间。低压旁路三级减温水调节门全开。过热蒸汽压力达到0.2 MPa时，关闭过热器放气阀。再热器压力达0.2 MPa时，关闭再热器放气阀。

(3) 当过热器系统有蒸汽通过、8～10支油枪运行(燃油量为15 t/h)时，启动一次风机和密封风机向磨煤机内通入热风，使磨煤机温度达到启动的温度要求(即暖磨)。达到磨煤机启动条件后(二次风温为150 ℃)，启动A磨煤机，运行电除尘器的第一套振打收尘装置。

(4) 在整个升温过程中，各受热面工质升温速率应满足以下条件：

温度在0～200 ℃时，升温速率<5 ℃/min。

温度在200～400 ℃时，升温速率<3 ℃/min。

温度在400 ℃以上时，升温速率<2 ℃/min。

控制受热面金属升温速率≯3 ℃/min。

(5) 当汽水分离器入口温度上升到260～290 ℃之间时，将汽水分离器部分疏水回至除氧器。

(6) 当过热蒸汽温度为380 ℃时，开启二级减温水供水总门，将过热蒸汽温度调节切至自动控制方式，温度设定在360 ℃。当再热蒸汽温度为340 ℃时，将再热蒸汽温度调节切至自动控制方式，温度设定在320 ℃。当过热器出口压力达到8.4～8.9 MPa时，高压旁路的控制方式为压力自动控制方式。此时，调整燃烧率，使蒸汽温度与汽轮机的金属温度相匹配。

(7) 当后屏过热器出口蒸汽温度达到额定值或过热器二级减温水调节门开度大于60%时，开启一级减温水供水总门，利用一级减温水调节门调整后屏过热器出口蒸汽温度。

六、汽轮机挂闸前的检查

(1) 投入下列各项主保护装置

① 润滑油压低0.06 MPa，跳机(四取二)；

② EH油压低9.3 MPa，跳机(四取二)；

③ 凝汽器真空表数值低68.7 kPa，跳机(四取二)；

④ 轴向位移大1.0、−1.0 mm，跳机(四取二)；

⑤ 转速达3 300 r/min，电超速保护动作跳机(四取二)；

⑥ 高压缸差胀10.2 mm、−4.5 mm遮断；低压缸差胀16 mm、−1 mm遮断；

⑦ 轴承振动位移达到0.254 mm，汽轮机跳机；

⑧ 发电机并网且调节级压力/高排压力低1.7 MPa，跳机；

⑨ 高排温度高427 ℃，跳机(三取二)。

(2) 盘面显示正常

阀位指示：TV1阀、TV2阀、GV1阀、GV2阀、GV3阀、GV4阀、IV1阀、IV2阀、

IV3 阀、IV4 阀开度在 0，RV1 阀、RV2 阀全关；

实际转速：2.38 r/min（盘车转速）；

实际功率：0；

汽轮机状态：脱扣、盘车运行；

阀门方式：单阀控制；

控制方式：OA；

控制设定点：

实际值：2.38 r/min；

给定值：0；

目标值：0；

升速率：0；

一次调频回路：OUT（退出）；

功率回路：OUT；

调节级压力回路：OUT；

阀位限制器：110%；

高负荷限制器：600 MW；

低负荷限制器：0.0 MW；

遥控：OUT；

TSI 及其他各参数测点指示正常；

汽轮机危急保护系统（ETS）无跳闸信号。

(3) 汽轮机挂闸

① 得到值长命令后，汽轮机准备挂闸，高压备用密封油泵和 EH 油泵运行正常。

② 汽轮机启动方式为操作员 OA 方式，汽轮机冲转的进汽方式为单阀控制方式。

③ 按“复位”按钮，DEH“挂闸”指示正常，汽轮机挂闸已完成，GV 阀、RV 阀全开，TV 阀、IV 阀全关，汽轮机盘车运行正常，高排逆止门关闭，高压缸排汽通风阀开启。

④ 汽轮机挂闸后如汽轮机转速急剧上升，盘车退出运行，汽轮机必须立即手动打闸，不允许再次复置跳闸信号。如发现汽轮机转速缓慢上升，维持在 20 r/min 以下，盘车退出运行，可以手动打闸一次，重新启动盘车后，再次复置跳闸信号。

七、汽轮机冲转前的操作

(1) 进行汽轮机超速保护控制（OPC）静态功能试验操作，将“OPC 试验”按钮置“投入”位置，高、中压调速汽门自动关闭。试验完毕将“OPC 试验”按钮置“切除”位置，高、中压调速汽门自动开启。投入“OPC 保护”开关。

(2) 汽轮机连续盘车运行 4 h 以上，机组各部位声音正常。盘车电流无摆动。

(3) 冲转参数：主蒸汽压力在 8.4～8.9 MPa 之间，主蒸汽温度在 360～380 ℃之间；再热蒸汽压力在 0.6～0.65 MPa 之间，再热蒸汽温度在 340～360 ℃之间。

(4) 主蒸汽品质合格：电导率≤0.5 μS/cm、Fe 含量＜50 μg/kg、SiO_2 含量≤30 μg/kg、

Na 含量≤20 μg/kg、Cu 含量≤15 μg/kg。

(5) 凝汽器绝对压力<10 kPa。

(6) 润滑油温在 30～35 ℃之间，润滑油压在 0.12～0.15 MPa 之间。

(7) EH 油压为(14±0.5) MPa，温度在 40～45 ℃之间，EH 油系统运行正常。

(8) 低压缸喷水切至自动控制方式，且其喷水调节门在全开位置。

(9) 上下缸温差<42 ℃。

(10) 大轴偏心在原始偏心率±0.02 mm 范围内。

(11) 汽轮机隔膜阀上腔油压在 0.6～0.8 MPa 之间。

(12) 开启汽轮机本体系统所有疏水手动门及调节门。

(13) 机组所有辅助设备系统运行正常，无异常报警信号。

(14) 随机启动低压加热器，开启低压加热器供汽电动门，疏水逐级自流。

八、汽轮机冲转的操作

(1) 机组复位后，进行手动脱扣操作，然后重新挂闸，输入阀位限制目标值为 110%，设定目标转速为 500 r/min，升速率为 50～100 r/min，按“进行”键，由 IV 阀控制汽轮机升速，当汽轮机转速大于盘车转速时，盘车应自动退出运行，否则应打闸停机，待故障消除后，方可重新冲转。

(2) 盘车退出后，当转速达 500 r/min 时，手动打闸，进行机组摩擦检查。

(3) 一切正常后，机组重新挂闸，设定目标转速为 600 r/min，升速率为 50～100 r/min。

(4) 汽轮机转速升至 600 r/min 时，稳定 2 min，关闭高压缸进汽导管排汽阀，低压缸喷水调节门、水幕喷水调节门全开。当 GOTO TV/IV 信号发出，根据需要，投运高压加热器，高压加热器水侧通水前，必须投入高压加热器的水位保护装置。

(5) 继续升高汽轮机转速，设定目标转速为 2 350 r/min，升速率为 100～150 r/min。当汽轮机转速达 1 000 r/min 时，顶轴油泵自动停止运行；当汽轮机转速达 2 350 r/min 时，根据机组差胀、汽门内外壁温差、高中压缸上下缸温差、蒸汽与金属温差等参数变化进行高速暖机。暖机约 30 min 后，各参数及主机汽门、缸体温差、缸体膨胀满足规定可继续升速。

(6) 继续升高汽轮机转速，设定目标转速为 2 800 r/min，升速率为 150～200 r/min，当汽轮机转速升至 2 700 r/min 时，将升速率改为 50 r/min。

(7) 当汽轮机转速升至 2 800 r/min 后稳定 2 min，GOTO TV 信号发出，且当进汽室内壁金属温度大于主蒸汽压力下的饱和温度时进行阀切换，控制方式由 TV 阀和 IV 阀联合控制自动转换为由 TV 阀控制。

(8) 通过 DEH 控制画面观察 TV 阀和 GV 阀的切换过程，TV 阀和 GV 阀的切换时间不大于 2 min，切换结束，TV 阀全开，GV 阀在调节状态，转速应维持在 2 800 r/min。

(9) 在 DEH 控制画面上，设定目标转速为 3 000 r/min，升速率为 50 r/min，转速升至 3 000 r/min。

(10) 汽轮机转速升至 3 000 r/min 后，各轴承金属温度、轴承回油温度、凝汽器真空、轴承振动、汽轮机差胀、轴向位移等参数正常，应调整锅炉燃烧工况，为机组并网带初负荷做好准备。

九、机组冲转过程中的注意事项及主要控制指标

(1) 冲转前各部位应充分疏水，在汽轮机冲转后，为防止主蒸汽、再热蒸汽温度急剧变化，使蒸汽保持足够的蒸汽过热度，避免蒸汽带水，主蒸汽、再热蒸汽温差及左右偏差不得超过规定要求。

(2) 凝汽器、除氧器及各加热器水位保持正常，及时调整油温、水温、氢温。

(3) 凝汽器绝对压力≤5 kPa 并稳定后，停用一台真空泵。

(4) DEH、TSI、操作员站参数正常。

(5) 汽轮机转速在 600 r/min 以下时，应对转子轴承振动位移进行核对，其振动位移应小于 0.076 mm，当大于此值时，不允许汽轮机继续冲转。

(6) 汽轮机转速在 600 r/min 以上时，应加强对轴承振动的监视。当轴承振动位移超过 0.03 mm 或轴瓦振动位移超过 0.08 mm 时，应查明原因设法消除；当轴承振动位移变化超过±0.015 mm 或轴瓦振动位移变化超过±0.05 mm 时，应查明原因设法消除；当轴承振动位移突然增加 0.05 mm，汽轮机升速至临界转速之上时轴承振动位移超过 0.10 mm 或轴瓦振动位移超过 0.254 mm 时，应立即打闸停机，严禁强行升速至临界转速之上或降速暖机。

(7) 在升速过程中，如振动过大，应与历史数据对比，判断是否为动静碰磨引起的振动。如振动超限，应立即手动停机或保护动作跳机，不允许强行升速至临界转速之上或降速暖机。因振动大停机后，必须盘车消除转子热弯曲，连续盘车 4 h 后，方可再次冲转。

(8) 在启动过程中，应确保汽缸的绝对膨胀变化均匀、对称，防止滑销系统失常引起差胀和振动的变化。

① 当汽轮机冷态启动且其转速达 2 800 r/min 时，可根据下式计算蒸汽室内壁金属温度：

$$T_S = T_1 + 1.36(T_2 - T_1)$$

式中 T_S——蒸汽室内壁金属温度，℃；

T_1——蒸汽室浅部金属温度，℃；

T_2——蒸汽室深部金属温度，℃。

② 采用高、中压联合冲转时，再热蒸汽压力维持稳定。当机组负荷低于 30%额定负荷时，控制再热器入口压力不大于 0.828 MPa，以防高压缸排汽温度过高。

③ 冲转过程中应确保高压缸排汽温度不大于 404 ℃，当高压缸排汽温度超过 427 ℃时，高压缸排汽温度高保护动作。高压缸排汽温度在任何时候不得超过 450 ℃。

④ 汽轮机升速过程中，如发现参数异常变化，应分析、判断后进行调整。当汽轮机转速升至 3 000 r/min 且稳定运行后，对机组进行全面检查，确保一切正常，方可进行并列前的各项试验。

⑤ 汽轮机启动过程中主要控制指标如表 3-1 所列。

表 3-1　汽轮机启动过程中主要控制指标

项　　目	报警值	跳闸或打闸值
轴承振动位移(通过临界转速时)/mm		0.10
轴振动位移(正常运行时)/mm	0.125	0.254
高压差胀/mm	9.5/−3.8	10.2/−4.15
低压差胀/mm	15/−0.2	16/−1.0
汽缸内外壁温差/℃	42	83
轴向位移/mm	±0.9	±1.0
汽缸上、下温差/℃	42	56
空负荷低压缸排汽温度/℃	79	121
凝汽器绝对压力/kPa	24.7	31.3
汽轮机轴承金属温度/℃	107	113
推力轴承金属温度/℃	99	107
轴承回油温度/℃	70	82
主再热蒸汽温度偏差/℃	14	42(不得超过 15 min)
主蒸汽门内外壁温差/℃		83

十、汽轮机并列前的试验及检查项目

(1) 汽轮机手动脱扣试验

① 就地或远程手动跳闸。

② 迅速关闭高中压主蒸汽门、调节门、各抽汽逆止门，无卡涩现象。

③ 控制室操作员站报警，机组转速下降。

④ 当转速降至 2 800 r/min 以下时，汽轮机重新挂闸，再升至 2 800 r/min，进行阀切换操作，然后升速至 3 000 r/min。

⑤ 主油泵出口油压不小于 2.1 MPa，入口油压为 0.26 MPa。

⑥ 调整润滑油温在 40～45 ℃之间，轴承回油温度小于 70 ℃。

⑦ 轴瓦温度及振动正常。

(2) 润滑油泵和备用密封油泵的连锁试验

在连锁保护装置投入的情况下，停止交流润滑油泵及高压备用密封油泵运行，注意润滑油压是否变化。

(3) 进行充油试验，根据需要进行主蒸汽门、调节门严密性试验。

(4) 当汽轮机并列前的试验结束后，向值长汇报，再进行电气专业的相关试验工作。

整个冲转及试验期间，凝汽器排汽温度不大于 80 ℃，当凝汽器排汽温度达 121 ℃时，连续运行时间不能超过 15 min。

十一、发电机并网的条件

(1) 汽轮机转速稳定在 3 000 r/min，数字电液调节系统运行正常；交流润滑油泵及高压备用密封油泵已正常停运，润滑系统油压正常。

(2) 汽轮机空负荷运行时，主辅设备及系统的各项控制指标均无异常变化，辅机运行正常，机组运行工况稳定。

(3) 机组转速在3 000 r/min以下进行的试验已结束。

(4) 锅炉燃烧稳定，蒸汽参数稳定，启动旁路系统正常。

(5) 发电机并网应具备的条件如下：

① 发电机声音正常，振动位移一般不超过0.125 mm。

② 发电机冷却系统运行正常，无漏油、氢气、水的现象。投入发电机断水保护开关。

③ 调节氢气冷却器的冷却水量，氢温控制切至自动控制方式，氢温设定值为45 ℃。

④ 调节发电机定子冷却器出水温度，定子冷却水温度控制切至自动控制方式，定子冷却水温度设定值为46 ℃。

⑤ 氢侧和空侧密封油冷却器出口油温在40～49 ℃之间。

⑥ 发电机内氢气压力在0.37 MPa左右，纯度为97%以上，含氧量不超过1.2%。

⑦ 发变组出口断路器操作机构油压、SF_6气体气压正常，操作电源已送电。

⑧ 投入发变组所有保护开关，试验正常。

⑨ 发变组同期回路进行检修或同期装置更换部件时，必须做同期试验且结果正常。

⑩ 发变组出口任一母线侧闸刀合上。

(6) 励磁系统投运前应做如下检查：

① 发电机励磁碳刷已安装好。

② 启励380 V交流电源开关合闸良好，电压正常。自动电压调节器(AVR)柜内直流110 V、交流110 V电源小开关合闸良好，电压正常。

③ AVR柜内灭磁、启励直流110 V总电源小开关合闸良好，电压正常。

④ 发电机励磁装置(SAB)柜内交流220 V电源开关合闸良好，电压正常。

⑤ SAB柜内交流220 V照明电源小开关合闸良好，电压正常。

⑥ AVR柜内两个辅助PT的一、二次熔断器及其他熔断器完好并安装正确。

⑦ AVR柜内两个二级同步变压器110 V侧开关合闸良好。

⑧ 励磁设备(THY)柜内风扇控制面板(FAN PANEL)上整流器的两个冷却风扇的交流380 V电源开关合闸良好，电压正常。

⑨ 快速(FCB)柜内灭磁开关在工作位置处于热备用状态。

⑩ AVR、SAB柜内各闸刀在合闸位置。

⑪ 各柜门已全部关好，面板表计显示正常，无异常报警信号。

注：励磁系统在正常备用的情况下，各柜内的开关保险都不需要进行操作。

十二、发电机并网的操作

(1) 发电机升压有两种方式：第一种是AVR自动方式(交流回路恒电压)；第二种是AVR手动方式(直流回路恒磁场电流)。正常运行时采用第一种方式，试验时采用第二种方式。发电机并列一般采用自动准同期方式。

(2) 发电机升压操作的规定及注意事项如下：

① 待机炉有关试验结束，机组无异常报警信号，值长发出指令后方可进行发电机升压操作。

② 在 DCS 的操作员站画面上全面检查各设备的指示状态有无异常报警。

③ 发电机升压操作应缓慢进行。升压过程中，三相电压应平衡，三相电流指示应为零。

④ 发电机升压操作可采用 AVR 自动方式(交流回路恒电压)或用 AVR 手动方式(直流回路恒磁场电流)。

⑤ AVR 方式切换时应注意发电机电压与无功负荷，以免发生扰动。

(3) 励磁系统运行条件如下：

① AVR 无故障。

② 发变组出口保护无动作。

③ 汽轮发电机转速大于 2 950 r/min。

④ 启动励磁调节器保护装置，处于热备用状态。

(4) 发变组高压侧开关合闸条件如下：

① 发变组出口无保护动作。

② 发变组高压侧开关 A 相跳闸。

③ 发变组高压侧开关 B 相跳闸。

④ 发变组高压侧开关 C 相跳闸。

⑤ 同期装置正常。

⑥ 励磁系统正常。

⑦ 发变组高压侧开关母线侧接地闸刀在分闸。

⑧ 励磁开关已合闸，发电机机端电压在额定电压，A、B、C 三相电压显示正常。

⑨ 汽轮机转速在同期范围内。

⑩ 汽轮机 DEH 具备合闸条件。

⑪ 发变组高压侧开关Ⅰ母闸刀在合闸、Ⅱ母闸刀在分闸(或Ⅱ母闸刀在合闸、Ⅰ母闸刀在分闸)。

(5) 根据值长指令，准备开始发电机与系统并列。

(6) 若采用程序控制进行自动准同期方式并列，则按程序“启动”键，按设定程序进行发电机的并列操作。

(7) 根据程序要求按 DEH 控制方式中“自动同步”键，DEH 受自动同期(ASS)的控制，直到并网。

(8) 发电机采用 AVR 自动升压方式进行自动准同期并列，保持机组转速为 3 000 r/min，并进行下列检查和操作：

① 将 AVR 置于“自动”控制方式。

② 将 AVR 控制开关切至工作位置。

③ 灭磁开关自动合闸良好，发电机电压升至额定值，三相电压平衡，定子电流约为零。

④ 发电机转子电压、电流正常，发电机转子无接地报警信号。

⑤ 在 DEH 控制面板中，按下“自动同期”键。

a. 将励磁装置切至“自动”方式，灭磁开关合闸良好，升压并调整至额定值；

b. 发电机具备同期合闸条件，将同期装置切换开关置于“投入”位置；

c. 发变组出口开关自动合闸良好；

d. 将发电机无功功率升至规定值以上；

e. 发电机初负荷为 30 MW；

f. 复位同期装置；

g. 发电机定子三相电流平衡；

h. 并网后 1 min，DEH 仪表盘、操作员站画面上应有功率显示，否则立即解列，发电机初负荷为 30 MW，暖机 15 min；

i. 退出同期装置，并断开同期装置电源；

j. 在发变组主开关合上以后，机组控制自动恢复到“运行人员自动”控制方式。

⑥ 对发变组及励磁系统做全面检查，运行正常。

⑦ 发电机并网后，高排逆止门处于自由状态，延时 1 min，高压缸排汽通风阀应处于关闭状态，高压缸排汽逆止门应处于开启状态，注意高压缸排汽温度变化，当出现机组跳闸、高压缸排汽温度高、高压主蒸汽门或调速汽门全关、OPC 动作、高排逆止门关闭中的任一个信号时，高压缸排汽通风阀应开启，防止高压缸排汽温度升高。

⑧ 发变组并网后，关闭过热器疏水阀。

十三、初负荷暖机期间的操作和检查

(1) 汽轮机振动、差胀、绝对膨胀、轴向位移及各轴承金属温度正常，润滑油压、各轴承回油温度、EH 油压正常，汽缸上、下壁温差在允许范围内。

(2) 30 MW 负荷暖机过程中应保持主蒸汽温度的温升率稳定。初负荷暖机，缸温变化剧烈时，应避免主、再热蒸汽温度上升过快。

(3) 30 MW 负荷暖机 15～30 min 后，低负荷暖机结束。

(4) 带负荷期间要确保调节级腔室温升率最大不超过 1.8 ℃/min。

(5) 通过调整燃烧率来控制主、再热蒸汽温度。

(6) 采用高、中压缸联合冲转方式启动，随着负荷变化，高压旁路、低压旁路自动调节正常。

(7) 定子冷却水系统及氢气冷却系统运行正常，氢气干燥器投入运行。

(8) 发电机带 30 MW 负荷稳定一段时间后，启动第二套制粉系统。

(9) 准备一台汽动给水泵，使其处于备用状态。

十四、机组升负荷至 100 MW 的操作

(1) DEH 在 OA 控制方式。

(2) 在 DEH 的操作画面上，设定目标负荷为 100 MW，负荷变化率为 4 MW/min，最高负荷限制为 600 MW，最低负荷限制为 0。

(3) 按机组冷态启动曲线控制主、再热蒸汽温度。

(4) 第二套制粉系统启动后，调整燃烧工况，根据炉内燃烧情况，逐渐减少油的燃烧率，尽可能使锅炉热负荷不发生大幅波动。

(5) 增加锅炉热负荷，机组负荷大于 60 MW 时，高压疏水门自动关闭。

(6) 机组负荷大于 90 MW 时，低压缸喷水门自动关闭。

(7) 低压加热器和高压加热器水位正常，水位自动调节装置运行良好。

(8) 机组负荷不小于 90 MW，汽动给水泵汽源过热度大于 20 ℃，汽动给水泵小汽轮机冲转至 1 800 r/min，暖机。

(9) 当机组负荷大于 90 MW 时，检查中压主蒸汽门前所有疏水门是否自动关闭（如果高压加热器不随机启动则高压疏水门不关），否则手动关闭。

(10) 有功负荷升到 90 MW 左右，且机组运行稳定，切换厂用电。

十五、机组升负荷至 180 MW 的操作

(1) 增加锅炉热负荷，以 3 MW/min 的速率逐渐将机组负荷升至 180 MW。

(2) 随锅炉负荷的增加，分离器水位调节门逐渐关小，注意除氧器压力变化，辅汽至除氧器供汽调节门自动开启。

(3) 当负荷升至 156 MW 时，旁路减压阀及减温水调节门关闭后，将旁路系统控制方式由自动控制切为手动控制，退出“机跳炉”保护。当 DEH 满足遥控方式条件时，将 DEH 切至遥控控制方式，调整机前压力与定压设定值一致后，将“汽轮机主控”切至自动控制方式，使机组处于“定压”控制状态，随机组负荷升高逐渐调整机前压力至 10 MPa。

(4) 当负荷升至 180 MW 时，将汽动给水泵并入给水系统，减少给水系统中的电动给水泵供水量。调整机前压力与滑压设定值一致后，将机组由“定压”控制状态切至“滑压”控制状态。

(5) 当四段抽汽压力不小于 0.2 MPa 时，除氧器加热汽源切换至四段抽汽供给。

(6) 运行第二台汽动给水泵，使其处于备用状态。

十六、机组转入直流运行方式的操作

(1) 继续增加负荷，调节风量与之相匹配，辅助风挡板自动调节正常，二次风箱与炉膛压差正常。

(2) 增加锅炉燃煤量，以 3 MW/min 速率将负荷升至 210 MW，投运 D 层磨煤机，该煤层磨煤机运行后，将对应给煤机煤量的控制方式切至自动控制方式，燃烧稳定后逐渐减少燃油量。当负荷升至 210 MW 时，总风量调节器自动跟踪正常，各燃烧器二次风和辅助风挡板位置正确。

(3) 当机组负荷升至 210 MW 时，锅炉由湿态运行模式转为干态运行模式，分离器至除氧器和大气扩容器的排水电动隔离门按照连锁条件自动关闭，运行暖管系统。将汽动给水泵控制方式切至自动控制方式，在调整中间点温度与设定值偏差小于±1 ℃后，投入中间点温度保护开关，退出疏水泵组合连锁开关。

(4) 将分离器至除氧器排水电动隔离门、疏水泵及其出口电动门关闭并停电。

(5) 当锅炉负荷达到30%额定负荷时，水质达到要求后，可以将锅炉给水的处理方式由AVT(除氧)运行方式切换到CWT(给水联合处理)(加氧)运行方式。

十七、机组升负荷至 600 MW 的操作

(1) 以 4 MW/min 的升负荷速率逐渐将负荷升至 600 MW。

(2) 根据负荷的需要增加制粉系统运行的数量。

(3) 当机组负荷升至 260 MW 时，逐个停运 A、B 层油枪，各层煤粉火焰燃烧稳定、火检强度充足，所有油枪停止运行后，运行电除尘器的全部振打收尘装置。机组控制方式切至协调控制方式。

第三节 热态启动

热态启动是指汽轮机调节级金属温度或中压持环温度在 350～450 ℃之间或锅炉停炉时间在 10～72 h 之内的启动方式。

一、热态启动前的准备工作

(1) 热态启动前的检查准备、启动要点、运行操作等与冷态启动相同，按冷态启动要求进行。

(2) 对已运行的设备系统进行全面检查，确保无异常。

(3) 对已运行的系统或已承压的电动阀、调节门不得进行开、关试验。

(4) 锅炉上水时，应使凝汽器真空表数值在 80 kPa 以上，给水温度应大于 120 ℃，上水流量应严格控制不大于 150 t/h，以保证启动分离器前受热面金属及启动分离器内介质温度下降速率不大于 2 ℃/min，水冷壁范围内受热面金属温度偏差不大于 50 ℃。

(5) 可利用启动分离器排水加热除氧器给水，以尽可能提高给水温度。

(6) 如在锅炉启动前过热蒸汽系统没有压力，锅炉上水时须开启省煤器出口放空气门并进行冷态冲洗。

(7) 如在锅炉启动前过热蒸汽系统仍保持有压力，启动时可不进行锅炉冷态冲洗，但在系统运行后必须加强水质监督，锅炉的热态冲洗要正常进行。如启动分离器入口温度大于 260 ℃，则无须进行锅炉热态冲洗。锅炉启动升温升压过程以点火后锅炉最低压力为起始点。

(8) 机组热态启动前，汽轮机应处于连续盘车状态。

二、热态启动的冲转参数

(1) 根据汽缸温度按热态启动曲线确定冲转参数，应保证过热蒸汽温度高于调节级金属温度 100～150 ℃并至少有 56 ℃的过热度，但不大于额定主蒸汽温度。

(2) 再热蒸汽温度高于中压缸持环金属温度 100～150 ℃并至少有 56 ℃的过热度，但

不大于额定再热蒸汽温度。

(3) 蒸汽温度与第一级金属温度应匹配，温差最大不超过－56～＋110 ℃范围。

(4) 应先运行轴封供汽系统，然后再抽真空，以免汽轮机转子被急剧冷却，高、中压缸轴封供汽温度与高、中压缸转子金属温差不大于 110 ℃。

(5) 机组冲转后转速升至 600 r/min，确认机组运行正常，转速以 250～300 r/min 的速率升至 2 800 r/min 后，对机组进行阀切换操作；该操作完毕后，转速继续升至 3 000 r/ min 后，机组并网带负荷至 30 MW，然后以不小于 11～12 MW/min 速率继续接带负荷。此时，机组必须避免汽缸温度下降和出现负差胀。

(6) 热态启动时注意差胀变化，如果启动过程中出现负差胀，则应增大温升率和升负荷率，以保证差胀在规定的范围内。

三、热态启动的操作

(1) MFT 复置。

(2) 按如下顺序投运燃料：CD 层油—EF 层油—C 层/D 层煤—D 层/E 层煤—E 层煤—B 层煤—A 层煤。

(3) 监视水冷壁、过热器、再热器的各部金属温度不能超过其报警值。

(4) 确保锅炉启动流量稳定，按升温升压速率增加锅炉燃烧率。

(5) 在再热器无蒸汽通过时，应保证炉膛烟温探针显示的温度必须小于 538 ℃。

(6) 过热器出口压力达到 8.4～8.9 MPa 时，调整燃烧率，使蒸汽温度与汽轮机温度相匹配。

(7) 汽动给水泵做好启动准备，并网后随着机组负荷的增加，依次将汽动给水泵投入运行。

(8) 按照机组热态启动曲线，将机组负荷升至 600 MW，其操作同机组冷态启动。

第四节 机组启动过程中的注意事项

(1) 锅炉在升温升压过程中要严格控制升温升压速率。

(2) 在机组启动期间严密监视过热器和再热器管壁温度应小于报警值。

(3) 监视预热器进、出口烟温，防止二次燃烧。

(4) 制粉系统要求相邻层运行，三层以上投运时，不允许隔层运行(不允许 A、C、E 运行方式)，若因制粉系统故障无法保证以上条件时，应运行相邻层的点火油枪，以稳定燃烧。

(5) 油枪运行时，根据油枪燃烧情况及时进行调整，确保油管路无泄漏情况。

(6) 油枪连续三次点火不成功，再次点火前，应有 5 min 以上的时间间隔进行锅炉吹扫。

(7) 油枪投用且燃烧稳定后，应及时调整风量，避免因投油枪较多、配风不合理造成锅炉尾部空气预热器蓄热板积油垢引起二次燃烧。

(8) 启动磨煤机后注意监视燃烧情况，如磨煤机启动后煤粉进入炉内未着火，引起炉膛负压不稳，应立即停止磨煤机运行，待查明原因，方可重新启动磨煤机。

(9) 当燃烧不良时，应及时进行调整，并增加预热器吹灰的次数。

(10) 机组热态启动时，要注意差胀变化、汽缸金属温度变化率和轴承振动变化情况。

(11) 发电机升压时，应在发电机转速为 3 000 r/min 时合上励磁开关，点击操作面板上的“投入”键，定子电压自动升至额定值，定子三相电压应平衡，否则应立即拉开励磁开关，停止升压，查明原因消除后，方可重新升压。

(12) 发电机定子电压升至额定值时，应核对此时的转子电压、转子电流。发电机并列时，定子电压不得超过额定值，以防并列时产生无功冲击。

(13) 发电机并列必须采取自动准同期方式，并满足下列条件：

① 待并发电机的电压与系统电压近似或相等；

② 待并发电机的频率与系统频率相等；

③ 待并发电机的相序与系统相序相同。

(14) 发电机自动并列后，确认发电机已接带负荷，再复归并列开关。

(15) 发电机并网后应及时调整无功以尽量满足系统电压要求。

(16) 发电机并网后应立即断开发电机误上电保护及启停机保护出口压板。

(17) 当发电机并网后、所带负荷达 50%额定负荷以及额定负荷时，分别对发电机本体及一次回路进行详细检查，检查项目着重于碳刷运行情况、大电流接头发热情况、主变压器本体及冷却器运行情况等。

(18) 在增加发电机定子电流过程中，应对机组有关温度(包括定子线圈温度、定子线圈出水温度、进出风温、铁芯温度、主变压器温度及高压厂变压器温度等)加强监视和分析，以便及时发现异常情况。

(19) 发电机并网后，若机组运行稳定，应尽快将厂用电切换至发电机接带。

第四章　机组停运

机组停运包括正常停运和故障停运两种方式。正常停运又分为正常参数停运和滑参数停运两种方式，故障停运则分为申请停运和紧急停运两种方式。

一般情况下，机组停运消缺、计划检修停运应采用滑参数停运方式，其目的是使机组得到最大限度的冷却，使检修提前开工，缩短检修工期，保证蒸汽温度和压力平稳下降以降低汽轮机汽缸温度。

第一节　机组停运前的准备

机组停运前需要做好相关准备工作，包括系统检查及相关试验，确保机组安全停运。主要准备工作如下：

(1) 选择停运方式和停运参数。

(2) 停运前对锅炉、汽轮机、发电机、励磁系统及辅助系统、设备做一次全面检查。

(3) 完成炉前燃油系统的检查，并进行油枪试点。完成汽轮机润滑油泵、顶轴油泵、发电机密封油泵启动试验。

(4) 做好公用系统的切换准备工作。

(5) 准备好充足的二氧化碳、氮气，以备停运后发电机气体置换和机组停运后的保养所需。

第二节　正常停运

正常停运是指按照计划的停运，机组停运后要处于较长时间的备用期。这种停运须按照降温、降压曲线进行减负荷、降温、降压，停运后进行均匀缓慢的冷却，防止产生热应力。一般情况下，在接到机组正常停运命令后，应严格按照正常停运操作顺序，根据负荷下降情况进行操作。机组正常停运的过程也是机组负荷逐步下降的过程，在此过程中，一定要按规范进行操作。

一、机组负荷降至 300 MW 的操作

(1) 在机组协调控制模式下，将机组负荷降至 300 MW，降负荷速率为 6～12 MW/min，保留 B、C、D 制粉系统运行。

(2) 保持机组负荷 300 MW 不变，进行下列操作：

① 机组处于协调控制模式。

② 炉前燃油系统正常，油枪具备点火条件。

③ 退出机组“主蒸汽温度低”保护。

④ 电动给水泵处于备用状态。

⑤ 开启辅汽至汽动给水泵供汽门。

⑥ 主蒸汽温度、再热蒸汽温度尽量维持额定值。当过热器减温水调节门全关后，解除过热蒸汽温度自动控制方式；当再热器减温水调节门全关后，解除再热蒸汽温度自动控制方式。

⑦ 开启高压缸排汽至辅汽供汽门。开启辅汽至除氧器供汽调节门并将其切至自动控制方式。

⑧ 减负荷过程中，根据轴封压力及时切换轴封汽源。

二、机组负荷降至 210 MW 的操作

在“TF”“滑压(VP)”模式下，将机组负荷降至 210 MW，降负荷速率为 3～5 MW/min。在降负荷过程中进行下列操作：

(1) 当机组负荷降至 260 MW 时，启动电动给水泵，停止一台汽动给水泵。此时应加强对给水流量的监视和调整。

(2) 当机组负荷降至 240 MW 时，保持汽动给水泵流量在 650 t/h，解除其自动控制方式。调节电动给水泵转速控制总给水流量。此时，必须加强对给水流量、主蒸汽温度、再热蒸汽温度、锅炉螺旋管水冷壁出口温度及中间点出口温度的监控。

(3) 运行 CD 层油枪。

(4) 当机组负荷降至 240 MW 时，逐步开启高压及低压旁路阀门降负荷，控制高压旁路阀门后温度为 260～320 ℃。利用低压旁路阀门维持再热蒸汽压力不大于 0.8 MPa，控制汽轮机高压缸排汽温度不大于 400 ℃，控制低压旁路阀门后温度为 140～160 ℃。低压旁路三级减温水调节门全开。

(5) 当机组负荷降至 210 MW 时，保持机组负荷不变，维持总给水流量在 650～700 t/h。进行厂用电切换操作。

三、机组负荷降至 100 MW 以下的操作

(1) 调整高压、低压旁路阀门开度，将机组负荷降至 100 MW 以下。同时关闭待停制粉系统给煤机入口插板门，做好解列发电机的准备工作，启动润滑油泵及高压备用密封油泵。油压、油温正常。

(2) 运行的磨煤机均断煤后，立即进行锅炉 MFT 手动操作，机组跳闸，汽轮机主蒸汽门关闭，发电机逆功率保护动作，发电机解列。关闭油枪进油阀及各角油阀，锅炉进行通风吹扫操作，然后停止引风机、送风机运行。锅炉各人孔、看火孔及各烟、风挡板关闭。

(3) 机组停运前，启动主机交流油泵和高压备用密封油泵。

(4) 汽轮机高、中压调节汽门关闭，转速下降，润滑油压正常。

(5) 锅炉减温水隔绝门关闭。所有磨煤机、给煤机、给水泵跳闸。

(6) 汽轮机转速降至 1 000 r/min，顶轴油泵连锁启动。

四、锅炉熄火后的操作

(1) 锅炉 MFT 动作正常，燃油供油、回油阀及油角阀自动关闭，过热器、再热器减温水隔绝门、调节门关闭。

(2) 锅炉熄火后，保持引风机、送风机运行，调整总风量至 30%BMCR，维持炉膛负压 −150～−100 Pa，对锅炉进行吹扫操作，5 min 后停运送风机、引风机。锅炉各人孔、看火孔及各烟、风挡板关闭。

(3) 关闭取样隔离阀。

(4) 风机停运后，应严密监视空气预热器进、出口烟温，一旦发现空气预热器出口烟温不正常升高，应立即查明原因并进行处理。

(5) 锅炉冷却：

① 锅炉熄火 6 h 后，根据需要可打开风烟系统有关挡板，使锅炉自然通风冷却。

② 锅炉熄火 18 h 后，根据需要可启动引风机、送风机，对锅炉强制通风冷却。

③ 过热器出口蒸汽压力降至 1.8 MPa 时，打开水冷壁各放水阀和省煤器各放水阀，进行锅炉热炉放水操作。

④ 锅炉热炉放水操作完毕后，根据需要进行锅炉防腐工作。

⑤ 当空气预热器的入口烟温降至 150 ℃时，停止空气预热器运行。

⑥ 当炉膛温度降至 100 ℃时，停止火检冷却风机运行。

⑦ 当达到破坏真空条件时，开启再热器排空门，确保再热器管内积水放尽。

⑧ 在过热器出口压力降至零前，应监视和记录锅炉各受热面壁温。

五、汽轮机停机后的操作

(1) 在汽轮机打闸后，汽轮机高压、中压自动主蒸汽门、调速汽门关闭，抽汽电动门、逆止门、高压缸排汽逆止门关闭严密，高压缸排汽通风阀开启，汽轮机转速下降。

(2) 汽轮机缸体各部疏水门、凝汽器水幕和排汽缸喷水门开启。

(3) 除氧器水位正常，凝结水流量低于 650 t/h，凝结水再循环门自动开启。

(4) 汽轮机转速下降至 1 000 r/min 时，汽轮机顶轴油泵自动启动，汽轮机转速小于 600 r/min 时，低压缸喷水阀自动关闭。

(5) 当汽轮机转速降到零后，汽轮机盘车投入运行。

(6) 根据需要停止开式冷却水泵运行。将主机冷油器后油温调整到(30±2) ℃。

(7) 高压、低压旁路阀在关闭位置。

(8) 锅炉过热蒸汽压力降至零时，停止真空泵运行，开真空破坏门。

(9) 汽轮机真空表数值到零后，关闭轴封汽进汽门，停止轴加风机运行，关闭轴封汽系统的供汽门。

(10) 机组停运后，若锅炉不需要快速冷却，则关闭电动给水泵入口门，进行泵体放水冷却操作，当泵体温度降至 80 ℃以下时，关闭电动给水泵密封水门。

(11) 当小汽轮机缸温降至 150 ℃以下时，停止汽动给水泵油系统运行。

(12) 当低压缸排汽室温度降至 65 ℃以下时,停止凝结水泵和循环水泵运行。

(13) 在凝结水泵和循环水泵停运后,停止闭式冷水泵运行。

(14) 在盘车满足停止条件后,停止盘车运行。但要注意如下事项:

① 汽轮机停机后,盘车应保持连续运行状态。

② 如汽轮机停机后大修,轴封供汽门关闭,汽轮机高压缸调节级金属温度低于 150 ℃且高压缸、中压缸上下缸金属温差均小于 42 ℃时,方可停止盘车装置的运行。

(15) 在汽轮机盘车停止后,需要停运汽轮机的油系统。但要注意如下事项:

① 在汽轮机停机后,即可停止高压备用密封油泵及 EH 油泵的运行。

② 在汽轮机盘车装置、顶轴油泵及发电机密封油泵均已停止运行后,高压缸调节级金属温度低于 150 ℃且汽轮机各轴承金属温度均在正常范围内时,方可停止交流润滑油泵的运行。

③ 如盘车装置发生故障,润滑油泵(包括顶轴油泵)应保持运行状态。

六、发电机的解列操作

(1) 首先投入发电机启停机保护装置。

(2) 其次降发电机有功负荷、无功负荷接近零。

(3) 当发电机负荷降到零后,汽轮机打闸,发电机逆功率保护动作。

(4) 在发电机逆功率保护动作后,抄录发电机电量读数。

(5) 最后进行全面的实地检查工作。

七、发电机解列后的操作

(1) 实地手动拉开机组励磁系统启励 380 V 交流电源开关,并摇至试验位置,将励磁系统转冷备用状态。

(2) 将机组 6 kV 厂用电 A、B 工作电源开关摇至试验位置,并将其转冷备用状态。

(3) 如长时间停机备用(2 h 及以上)或检修,值长应向网调申请,将发变组出口开关转冷备用状态。

(4) 主变压器冷却风扇、油泵、高压厂用变压器冷却风扇已停运。

(5) 将发电机内氢气湿度和温度控制在规定范围内。

(6) 严密监视发电机密封油系统的运行,防止发电机进油;发电机气液分离器要保持正常油位。

第三节 滑参数停运

机组滑参数停运,实质上是锅炉、汽轮机同时停止运行。当机组在额定参数和额定负荷工况下,逐步降低锅炉蒸汽压力和温度,使汽轮机逐步降低负荷,当蒸汽压力和温度降到一定数值后,可将机组停运。

单元机组滑参数停运是在逐渐降低蒸汽压力和温度的情况下进行汽轮机和锅炉减负荷

操作的。在整个停运过程中，锅炉负荷和蒸汽参数的降低主要是按照汽轮机的要求进行操作的。在接到机组滑参数停运指令后，按照机组滑参数停运曲线，逐渐减弱锅炉的燃烧，降压，减温。

(1) 主、再热蒸汽降温速率：不大于 1.2 ℃/min；

(2) 汽缸金属的降温速率：0.5～1 ℃/min；

(3) 主、再热蒸汽过热度：不小于 50 ℃；

(4) 先降负荷，再降蒸汽温度，分段交替下滑；

(5) 在整个滑参数停运过程中要严密监视汽轮机差胀、轴位移、上下缸的温差、各轴振动及轴瓦温度是否在规程规定的范围内，否则应打闸停运。

一、机组滑参数停运的操作

接到停运命令后进行减负荷停运操作。

(1) 用滑压运行的方式，按正常停机步骤，进行机组减负荷操作。

(2) 进行辅助蒸汽汽源的切换操作。

(3) 锅炉燃油系统正常，油枪具备启动条件。

(4) 退出“主蒸汽温度低”保护。

(5) 利用顺阀控制的方式，进行机组滑参数停运操作。

① 机组运行方式：CCS。

② 压力控制方式：滑压。

③ 目标负荷：350 MW。

④ 主蒸汽温度目标值：500 ℃；降温速率：1.2 ℃/min。

⑤ 再热蒸汽温度目标值：490 ℃；降温速率：1.2 ℃/min。

(6) 当机组负荷降至 350 MW、主/再热蒸汽温度降到 500/490 ℃时，稳定蒸汽温度，设置滑压偏值为－2 MPa。此时，在保持机组参数不变的情况下，机组稳定运行 30 min。保留三套制粉系统运行。

(7) 各个参数在规定范围内，继续进行机组滑参数停运操作。

① 机组运行方式：TF。

② 压力控制方式：滑压。

③ 目标负荷：210 MW；降负荷速率：3～5 MW/min。

④ 主蒸汽温度目标值：460 ℃；降温速率：1.5 ℃/min。

⑤ 再热蒸汽温度目标值：450 ℃；降温速率：1.5 ℃/min。

(8) 当机组负荷降至 260 MW 时，启动电动给水泵，手动停止一台汽动给水泵，此时应加强对给水流量的监视和调整。开启辅助蒸汽至小汽轮机供汽门，此时应严格控制辅助蒸汽压力稳定，防止辅助蒸汽压力波动而引起给水流量失调。

(9) 当机组负荷降至 240 MW 时，关闭电动给水泵再循环调节门，将运行的汽动给水泵再循环调节门置于自动控制方式，运行 AB 层油枪，此时要加强对给水流量、主蒸汽温度、再热蒸汽温度、锅炉螺旋管水冷壁出口温度及中间点出口温度的监控。

(10) 当主蒸汽压力降到 13 MPa 时，进行锅炉启动旁路系统的暖管操作。

(11) 当过热器和再热器减温水调节门全关后，将蒸汽温度自动控制模式切换为手动控制模式。

(12) 在 TF 模式下将机组负荷降至 210 MW，给锅炉疏水泵及其出口电动门送电并置于“远控”位置，其组联开关置于“退出”位置。

(13) 当机组负荷降至 210 MW 时，保持主蒸汽/再热蒸汽温度在 460/450 ℃，机组稳定运行 30 min。

(14) 稍微开启高压、低压旁路减压阀，进行高压、低压旁路的暖管工作。

(15) 当机组负荷降至 180 MW 时，锅炉运行模式转换为湿态运行模式。

(16) 当启动分离器水位达到 2～4 m 时，将液控阀的控制方式切至自动控制方式。当疏水箱水位在 1.5 m 以上时，投入疏水泵组联保护开关。

(17) 机组各个参数在规定范围内，两台磨煤机运行，继续进行机组滑参数停运操作。

① 汽轮机主控器在“自动”控制模式。

② 目标负荷：120 MW；降负荷速率：2 MW/min。

③ 主蒸汽温度目标值：450 ℃；降温速率：1.5 ℃/min。

④ 再热蒸汽温度目标值：435 ℃；降温速率：1.5 ℃/min。

(18) 当机组负荷降至 160 MW 时，逐渐开启高压、低压旁路减压阀继续降负荷，同时检查高压、低压旁路减温水调节门是否自动开启。利用高压旁路减温水调节门控制高压旁路减压阀后温度为 260～320 ℃。利用低压旁路减压阀维持再热蒸汽压力不大于 0.8 MPa 及高压缸排汽温度不大于 400 ℃，控制低压旁路减压阀后温度为 140～160 ℃。停止第二台汽动给水泵运行，利用电动给水泵维持总给水流量在 650～700 t/h。

(19) 当机组负荷降至 120 MW 时，保持机组负荷和参数稳定，机组运行 30 min，维持总给水流量在 600～650 t/h。进行厂用电切换。

(20) 机组继续进行减负荷操作。

① 将机组控制方式改为定压运行方式，压力设定值为 8 MPa。

② 目标负荷：30 MW；降负荷速率：2 MW/min。

③ 主蒸汽温度目标值：380 ℃；降温速率：1.5 ℃/min。

④ 再热蒸汽温度目标值：360 ℃；降温速率：1.5 ℃/min。

(21) 当机组负荷小于 90 MW 或排汽温度高于 80 ℃时，低压缸喷水门自动开启，汽轮机中压缸疏水门自动打开。

(22) 通过继续开大高压和低压旁路减压阀的开度，逐渐将机组负荷降至 30 MW，并控制主蒸汽/再热蒸汽温度在 380/360 ℃。在高压缸调节级后的金属温度降至 350 ℃以后，向调度请示，进行打闸停运操作。

(23) 机组打闸后，按机组正常停运的方式，完成停运后的各项操作。

二、机组滑参数停运的注意事项

(1) 在机组滑参数停运过程中，必须分阶段把机组的负荷、压力、温度降下来，在每个阶段要有足够的停留时间，保证各参数在允许范围内变化。

(2) 在机组滑参数停运过程中，必须确保汽轮机调节级金属降温速率小于 1 ℃/ min。

(3) 在机组滑参数停运过程中，必须保证过热器及再热器减温器后的蒸汽温度有 56 ℃ 以上的过热度。

(4) 在机组滑参数停运过程中，主蒸汽与再热蒸汽温差不大于 28 ℃。

(5) 在机组滑参数停运过程中，若蒸汽温度在 10 min 内急剧下降 50 ℃时，必须立即打闸停运。

(6) 在降温、降压的过程中，应特别监视高压转子、中压转子的温度以及中压缸第一级金属温度变化情况。

(7) 在整个滑参数停运过程中，汽轮机缸温不应出现回升现象。

(8) 在滑参数停运过程中，应密切监视汽轮机差胀、轴向位移、振动位移、汽缸上下缸温差。

(9) 在滑参数停运过程中，应避免蒸汽温度突降或突升及大幅度波动。

(10) 在滑参数停运过程中，应根据燃烧情况，油枪及时投入运行，确保燃烧稳定。

(11) 在滑参数停运过程中，在汽轮机高压、低压旁路减压阀开启后，应注意监视高压、低压旁路减压阀后的压力、温度变化。

(12) 在滑参数停运过程中，当发生汽轮机缸温、轴瓦温度、差胀、振动位移达到紧急停运条件时，应立即打闸停运。

第四节 故障停运

故障停运根据事故的严重性和紧急程度的不同，可分为紧急停运和申请停运。一般情况下，引起故障停运的原因很多，如果按照引起故障停运的原因划分，故障停运又可分为紧急停炉和申请停炉、紧急停机和申请停机。

一、紧急停炉和申请停炉

(一) 紧急停炉的条件

遇有下列情况之一时，应紧急停止锅炉运行：

(1) 主蒸汽管道、再热蒸汽管道、给水管道等发生爆破。

(2) 锅炉尾部烟道或空气预热器发生着火事故。

(3) 锅炉安全门动作，且无法使其回座，蒸汽参数或各段工质温度变化不允许运行。

(4) 锅炉蒸汽压力升高至安全门动作压力，而安全门拒动。

(5) 空气预热器停转，其烟气挡板隔绝不严或空气预热器转子不能盘动。

(6) 锅炉受热面管道发生爆破，威胁人身或设备安全。

(7) 锅炉给水中断或给水量小于 539 t/h 且时间超过 30 s。

(8) 锅炉所有给水流量表损坏，造成过热蒸汽温度不正常或过热蒸汽温度虽然正常，但

0.5 h 内给水流量表未恢复。

(9) 锅炉系统范围发生火灾，直接威胁机组的安全运行。

(10) 锅炉的运行工况已经危及人身安全，必须停炉才可避免发生人身事故。

(11) DCS 发生故障，无法对机组进行控制和监视。

(12) 仪用汽源失去，无法对机组的阀门及设备进行控制操作。

(13) 部分和全部厂用电中断，无法维持机组正常运行。

(14) 达到 MFT 保护动作条件，MFT 拒动。

(二) 申请停炉的条件

遇有下列情况之一时，应申请停止锅炉运行：

(1) 锅炉给水、蒸汽品质严重恶化，经采取措施无法恢复正常。

(2) 锅炉承压部件泄漏，但可维持锅炉正常水动力工况。

(3) 锅炉结焦、堵灰严重，经多方处理难以维持正常运行。

(4) 电磁泄压阀(PCV 阀)和锅炉安全门存在严重内漏或部分有缺陷不能正常动作。

(5) 锅炉汽温和受热面壁温严重超温，经多方调整无法降低。

(6) 精处理系统发生故障退出运行。

(三) 紧急停炉的操作

锅炉发生故障必须紧急停炉时，运行人员应按下列程序进行操作：

(1) 立即手动按下锅炉 MFT 按钮，如 MFT 联动失败，则应立即停止向炉内供应一切燃料。

(2) 立即手动停止运行中的一次风机、磨煤机、给煤机，手动切断燃油快关阀，关闭所有减温水调节门。

(3) 手动调整并维持锅炉吹扫风量和正常炉膛负压，吹扫 5 min，若所有引风机、送风机均发生跳闸，则立即建立自然通风。

(4) 当锅炉过热器压力达到 26.7 MPa 时，如果 PCV 阀不自动开启，则要手动开启 PCV 阀进行锅炉泄压。

(5) 在停炉后短时间内，如锅炉仍不具备启动条件，则按正常停炉的步骤进行处理。

(6) 若因烟道发生二次燃烧而紧急停炉的，则全停引风机、送风机，且密闭炉膛。

(7) 若因炉管发生爆破而紧急停炉的，则保留一台引风机运行，待烟气与蒸汽消失后，再停止其运行。

(8) 若因空气预热器发生故障而紧急停炉的，应对空气预热器进行手动盘车操作，并做好安全措施。

二、紧急停机和申请停机

(一) 紧急停机的条件

遇有下列情况之一时，应紧急停止汽轮机运行：

(1) 汽轮机的转速超过危急保安器动作转速而危急保安器未动作。

(2) 轴向位移超过保护动作值±1.0 mm 而保护装置未动作。

(3) 汽轮机发生水冲击。

(4) 汽轮机突然发生剧烈振动，振动值达到保护动作值而保护装置未动作或机组内部有明显的金属撞击的声音。

(5) 汽轮机任一轴承断油或者冒烟。

(6) 汽轮机任一推力瓦金属温度达到 107 ℃或支持轴承金属温度达到 113 ℃。

(7) 汽轮机轴承或端部轴封发生摩擦引起冒火。

(8) 汽轮机轴承润滑油压下降至 0.06 MPa，而保护装置未动作。

(9) 汽轮机主油箱油位急剧下降，且补油无效，油位降至 1 200 mm 以下。

(10) 发电机冒烟或者着火。

(11) 机组油系统或氢气系统发生着火，无法扑灭并严重威胁人身或设备安全。

(12) 机组厂用电源全部中断。

(13) 密封油系统的油压和氢压的差值为 0，发电机密封瓦处大量漏氢。

(14) 主蒸汽温度或再热蒸汽温度在 10 min 内急剧下降 50 ℃。

(二) 申请停机的条件

遇有下列情况之一时，应申请停止汽轮机运行：

(1) 汽轮机高、中压缸主蒸汽门发生卡涩。

(2) 汽轮机调速汽门或抽汽逆止门不能自动关严。

(3) 汽轮机调速系统发生故障。

(4) 主要辅助设备发生故障，不停机不足以消除缺陷。

(5) 保护装置、远方控制装置、自动控制装置和重要测量仪表工作不正常。

(6) 汽轮机油系统向外严重漏油，有可能发生火灾。

(7) 发电机漏氢量超标。

(8) 汽轮机发生火灾，可能威胁人身或设备安全。

(三) 紧急停机的操作

汽轮机发生故障必须紧急停机时，运行人员应按下列程序进行操作：

(1) 在集控室手动按下“紧急停机”按钮或就地手拉汽轮机跳闸手柄，发电机解列，汽轮机转速下降。关闭高中压主蒸汽门、调节门、高排逆止门、抽汽逆止门。

(2) 开启汽轮机本体及主蒸汽、再热汽管道、各抽汽管道疏水门。

(3) 润滑油泵自动启动，油压正常，调整润滑油温至正常值。

(4) 关闭主蒸汽管道疏水门，停运真空泵并开启真空破坏门。

(5) 机组转速达 1 000 r/min 时，顶轴油泵自动启动。

(6) 真空表数值到零时，关闭轴封汽供汽门。

(7) 机组转速至零时，顶轴油压正常，启动盘车装置，记录转子惰走时间、偏心度、盘车电机电流、缸温等。

(8) 停机过程中，应严密监控机组的振动、润滑油温、密封油系统的油压和氢压的压差是否正常。

(9) 运行人员应到现场仔细倾听机组内部声音，当机组内部有明显的金属撞击声或转子惰走时间明显缩短时，严禁立即再次启动机组。

(10) 其他操作与正常停机相同。

第五章　机组运行与调整

发电机组是由锅炉、汽轮机和发电机纵向串联构成的一个不可分割的整体，其中任何一个环节运行状态的改变都将引起其他环节运行状态的变化，所以锅炉、汽轮机和发电机的运行控制与调整是互相关联的。但正常运行中各设备的工作又都有其特点，锅炉侧重于调整，汽轮机侧重于监视，而发电机及电气部分则与机组其他环节以及外部电力系统紧密联系。

机组运行与调整的任务主要有：

(1) 按照电网负荷的需求，及时调整机组负荷。

(2) 保持良好燃烧工况，控制机组运行参数符合规定。加强机组设备、系统运行工况的监控，及时调整、控制污染物的生成，同时对产生的污染物进行处理，使处理结果符合环保标准。维持机组安全、稳定、经济运行。

(3) 定时进行机组有关运行参数的记录，定期进行设备的维护以及有关设备的切换和试验，加强机组运行状态参数的监视与分析，发现异常应及时进行处理。

第一节　锅炉运行与调整

为保证锅炉运行的经济性与安全性，运行中应对锅炉进行严格的监视与必要的调整。运行过程中，对锅炉进行监视的主要内容有：过热蒸汽压力、温度；再热蒸汽压力、温度；各受热面管壁温度，特别是过热器与再热器的壁温；一、二次风量及风压；炉膛压力等。对于直流锅炉，还应监视煤水比等。

锅炉运行与调整的内容通常可分为燃烧调整、参数调整和运行方式调整三个方面。通过燃烧调整，可减少炉内各种不完全燃烧损失；通过参数调整，可减少锅炉排烟热损失并提高整个机组的热力循环效率；通过运行方式调整，可优化辅机运行组合，降低辅机能耗和自用水、汽的消耗量。

一、锅炉正常运行与调整的任务

(1) 保持锅炉的蒸发量，满足汽轮机及热用户的需求。

(2) 保持正常的蒸汽温度、蒸汽压力。

(3) 尽可能维持运行参数在最佳工况下运行。

(4) 保持锅炉燃烧良好，提高锅炉效率。

(5) 保持饱和蒸汽和过热蒸汽的品质合格。

二、锅炉正常运行与控制的主要参数及限额

锅炉正常运行与控制的主要参数及限额如表 5-1 所列。

表 5-1　锅炉正常运行与控制的主要参数及限额

项　目	单位	正常值	报警		跳闸值	备注
			高限	低限		
启动分离器出口温度	℃	424	446		457	
过热器出口蒸汽压力	MPa	25.4	26			
过热器出口蒸汽温度	℃	571	576	566	600	
再热器出口蒸汽压力	MPa	4.16				
再热器出口蒸汽温度	℃	569	574	564	598	
螺旋管出口壁温	℃	<430	441		454	
分隔屏过热器出口壁温	℃	<520	524			
后屏过热器出口壁温	℃	<570	577			
末级过热器出口壁温	℃	<600	600			
末级再热器出口壁温	℃	<600	600			
炉膛负压	Pa	−150～−100	+300	−300	+1 520 −1 780	
燃油母管压力	MPa	1～1.8	1.8	0.4	0.23	
磨煤机出口温度	℃	70～80	90	65	110	
给水温度	℃	282				
排烟温度	℃	134	160			
一次风母管压力	kPa	8～10		6		

三、给水调整

超临界直流锅炉给水调整的实质是调整锅炉的煤水比。稳定正常的煤水比是确保超临界直流锅炉安全稳定经济运行的基础。煤水比调整有两种方法：一种是保持煤量不变，调整给水量；一种是保持给水量不变，调整煤量。一般情况下采用前者居多，也就是超临界直流锅炉的给水调整，其方法主要有：

(1) 在锅炉启、停阶段及负荷低于 30%BMCR，且启动分离器水位在规定范围内时，给水流量应保持最低流量为 574 t/h。这时，用给水调节门调节压差。

(2) 当锅炉升负荷需要增加给水流量时，应逐渐开启给水调节门直至全开，然后通过给水泵转速控制给水流量。

(3) 当汽动给水泵转速达到 3 000 r/min 以上时，方可将给水泵转速控制方式切至自动控制方式。两台汽动给水泵并列运行时，流量偏差不得超过 100 t/h。电动给水泵和一台汽动给水泵并列运行时，汽动给水泵转速处于自动控制方式，电动给水泵应在额定出力下运行。

(4) 锅炉正常运行时，给水调整应置于自动控制方式，当给水自动调节系统出现异常或自动调整无法满足锅炉给水要求时，应立即切至手动调整，同时联系热工人员进行处理。

在调整锅炉给水的过程中，应保持给水流量的稳定，防止煤水比失调而造成参数的大幅度波动。

四、燃烧调整

燃烧调整的目的是合理组织炉内燃烧工况，维持正常炉膛压力，防止锅炉灭火、爆燃、受热面结焦，减少热偏差；一、二次风配比在炉膛内形成合适的温度场、动力场，使炉膛热负荷分配均匀；选择适当的煤粉细度、过剩空气系数和排烟温度，充分提高燃烧的经济性；减少粉尘、硫化物和 NO_x 排放，确保锅炉安全、稳定、经济、环保运行。

超临界直流锅炉的燃烧调整主要包括燃料量的调整、送风量的调整、炉膛负压的调整和燃烧器运行方式的调整。在运行操作方面，应注意燃料量与送、引风量的协调，一、二次风风速和风率的选择，各燃烧器之间的负荷分配与运行方式的确定等。具体调整方法如下：

(1) 运行制粉系统的出力应尽量保持相同，避免连续停止中间的两套制粉系统。各运行磨煤机的配煤应一致，各运行给煤机的实际给煤量应均匀。给煤量不可大幅度的调整，以保持炉内燃烧工况处于最佳状态。同一层燃烧器的摆角必须一致。为防止煤粉、燃油燃烧不良将油枪和燃烧器烧坏，投运燃烧器的二次风挡板开度必须保持在最小开度以上，所有燃烧器的二次风挡板须预留一定的开度，以冷却燃烧器。

(2) 应保证燃油压力在规定值范围内，当锅炉负荷低于最低稳燃负荷或锅炉燃烧不稳时，应迅速运行油枪以稳定燃烧。磨煤机启、停时，要加强对炉内燃烧情况的监视，加强对火检强度和火焰电视的观察分析。当运行喷燃器火检闪烁、火焰发暗、负压和氧量大幅摆动时，要立即运行油枪助燃，并查找原因进行处理。在油煤混烧过程中，为防止炉膛结焦、积灰，可适当增大风量，并合理配比一、二次风量。

(3) 当锅炉负荷变化不大时，通过调整运行磨煤机的出力，对燃烧进行调整以满足负荷的需要。当锅炉负荷变化较大时，超出磨煤机正常调整范围时，则应先采用改变磨煤机的运行台数，即投、停制粉系统的方式来大幅度地调整燃料量，对燃烧进行粗调；然后通过调整运行磨煤机的出力，对燃烧进行细调。

(4) 燃烧器应尽量避免缺角运行，宜分层投停，必要时可对角投停。在满足机组参数的前提下，尽量投用下层燃烧器、停用上层燃烧器。检查和分析喷燃器是否存在结焦和损坏，发现结焦，应及时清除。根据炉内的结焦情况进行受热面吹扫工作，当结焦严重时应降低锅炉负荷。

(5) 锅炉运行中应保持合理的送风量，使炉内过量空气系数维持在最佳值附近，一般应同时改变两台送风机的风量。省煤器出口氧量值在风量控制系统中根据负荷自动进行设置，当氧量控制在手动方式时，要根据机组负荷控制氧量值，升负荷时先加风后加煤，减负荷时先减煤后减风。锅炉点火期间及在 40% BMCR 负荷前，炉膛保持定风量燃烧，40%BMCR 负荷后，要注意风量和燃料量相匹配。二次风调节要满足省煤器出口氧量以及辅助风、周界风和燃尽风的比例关系。此外还应根据燃料特性及时调整风量。

(6) 应控制磨煤机出口一次风压在规定范围，确保一次风粉的均匀性及燃烧器出口风速及风率的合理性。

(7) 炉膛应保持规定的负压运行，炉膛负压的调整主要采用送风量与引风量联合调节的办法。在增加负荷时应先增加引风量，然后再增加送风量和燃料量；反之，在减负荷时则应先减少燃料量和送风量，然后再减少引风量。

(8) 制粉系统不宜长期停用，备用的制粉系统应经常切换运行，以利于水冷壁的均匀受热及防止原煤仓原煤因长期备用而结块、自燃，停用的一次风管应定期吹扫，对停用的燃烧器应保持少量周界风通风冷却，以防喷口烧坏。

(9) 吹灰、打焦及制粉系统的启、停等操作均会对炉膛燃烧产生影响，不可同时进行操作。

(10) 锅炉运行人员应对煤化验人员提供的煤质化验单进行仔细分析，针对不同的煤质，做出有针对性的燃烧调整，以适应煤质的变化情况。为了保证锅炉经济运行，要定期对煤粉细度、飞灰、灰渣进行取样分析，根据分析结果及时调整燃烧和煤粉细度。

此外，在燃烧调整的同时，要加强对运行参数和受热面金属温度的分析，如蒸汽温度或一、二级减温水两侧温差大、各处受热面金属温度偏差大，必须及时组织分析并查找原因进行处理。

五、过热蒸汽温度的调整

超临界直流锅炉正常运行时，应严格监视和调整过热蒸汽出口温度在规定值，过热蒸汽温度左、右两侧偏差不超过规定值，并监视各段过热器的管壁温度不允许超温，以保证机组安全经济运行。如果过热蒸汽温度过高，金属强度将降低，设备使用寿命将缩短或损坏。如果过热蒸汽温度过低，不仅使蒸汽的做功能力降低，而且还降低了机组的循环热效率，严重时将发生水冲击。

超临界直流锅炉过热蒸汽温度的调整主要是通过调整给水量和燃料量的比例来实现的。减少给水量或增加燃料量都会使过热蒸汽温度升高，反之亦然。监视并保持启动分离器出口温度在恰当的控制值，用合理的燃料量与给水量之比作为粗调，在此基础上用减温水量作为细调，对过热蒸汽温度进行最后的修正。

超临界直流锅炉正常运行时，过热蒸汽温度的调整方法主要有：

(1) 调整煤水比。维持正确的煤水比是调整过热蒸汽温度的基本手段。锅炉在直流工况以后，启动分离器要保持一定的过热度，启动分离器出口蒸汽温度是煤水比控制的超前信号，在30%～100%负荷范围内，启动分离器出口蒸汽过热度应保持在规定值，以保证沿程受热面介质温度在设计范围内。锅炉正常运行中，启动分离器出口蒸汽温度达到饱和值是煤水比严重失调的现象，要立即针对产生异常现象的根源进行果断处理，如果煤水比修正后，不能将分离器出口蒸汽的过热度调整至正常，要解除给水自动进行手动操作调整。

(2) 调整过热蒸汽一级和二级减温水量。调整过热蒸汽一级和二级减温水量是过热蒸汽温度调整的辅助手段，一级减温水用于保证屏式过热器不超温，二级减温水对过热蒸汽温度进行精确调整。如果减温水调节门开度超过正常范围，可适当修正煤水比定值，使一级、二级减温水量有较大的调整范围，防止系统扰动造成过热蒸汽温度波动。在一级、二级减温水量手动调整时，要考虑蒸汽温度调整存在一定的惯性和延迟，调整减温水量时要注意监视减温器后的蒸汽温度变化，不要猛增、猛减，要根据蒸汽温度偏差的大小及减温器后温度变化情况，平稳地对过热蒸汽温度进行调整。

(3) 异常工况下的调整。锅炉运行中，在进行负荷调整、制粉系统启停、油枪投停、炉膛或烟道吹灰等操作以及煤质发生变化时，都将对过热蒸汽温度产生扰动，在上述情况下要特别注意蒸汽温度的监视和调整。高压加热器投停时，锅炉汽水沿程受热面工质温度随着给水温度变化逐渐变化，此时要严密监视给水温度、省煤器出口和水冷壁出口工质温度变化情况。

(4) 过热蒸汽温度调整要以受热面壁温不超限为前提。在调整过热蒸汽温度时，要加强对受热面金属温度的监视，调整蒸汽温度要以金属温度不超限为前提，如金属温度超限，要积极查找原因并进行处理，必要时要适当降低蒸汽温度或降低机组负荷。

此外，超临界直流锅炉在30%～100%BMCR运行时，除应严格监视和调整过热蒸汽温度在额定范围内和两侧蒸汽温度偏差小于规定值外，还要同时严格监视受热面沿程工质温度、受热面金属温度不超过规定值。

六、再热蒸汽温度的调整

超临界直流锅炉正常运行时，应严格监视和调整再热蒸汽出口温度在规定值，再热蒸汽温度左、右两侧偏差不超过规定值，并监视各段再热器的管壁温度不允许超温，以保证机组安全经济运行。如果再热蒸汽温度过高，金属强度将降低，设备使用寿命将缩短或损坏。如果再热蒸汽温度过低，不仅使蒸汽的做功能力和机组的循环热效率降低，而且还会使汽轮机最后几级蒸汽湿度增加，造成叶片侵蚀，严重时将发生水冲击。

超临界直流锅炉再热蒸汽温度的调整主要是通过调整燃烧器的摆角或烟道挡板的开度来实现的，在此基础上用减温水量作为细调，对再热蒸汽温度进行最后的修正。

超临界直流锅炉正常运行时，再热蒸汽温度的调整方法主要有：

(1) 调整燃烧器摆角。再热蒸汽温度主要是通过改变燃烧器摆角大小进行调整的。采用改变燃烧器摆角调整再热蒸汽温度时，要考虑到改变燃烧器摆角调整蒸汽温度存在较大的迟缓性；同时在调整再热蒸汽温度时，不要大幅度改变燃烧器摆角，避免对炉内燃烧工况产生大的干扰及再热蒸汽温度过调振荡；还应注意过热蒸汽温度及过热器管壁温度的变化状况。

(2) 调整烟气挡板开度。在设有烟气挡板的锅炉中，再热蒸汽温度主要是通过改变烟气挡板开度大小进行调整的。采用改变烟气挡板开度调整再热蒸汽温度时，不要大幅度改变烟气挡板开度，避免对炉内燃烧工况产生大的干扰及再热蒸汽温度过调振荡；还应注意过热蒸汽温度及过热器管壁温度的变化状况。

(3) 调整减温水量。当再热器出口温度超过规定值时，再热器减温水参与蒸汽温度的控制。减温水调整蒸汽温度时要注意减温器后再热蒸汽温度的变化。锅炉低负荷运行时要尽量避免使用减温水，防止减温水不能及时蒸发造成受热面积水。锅炉正常运行中可采用微量喷水调整再热蒸汽温度，尽量避免采用事故减温水进行再热蒸汽温度的调整，以免降低机组循环效率。同时，采用减温水调整时，要注意减温后的温度必须保持一定的过热度。

(4) 异常工况下的调整。锅炉运行中,在进行负荷调整、制粉系统启停、油枪投停、炉膛或烟道吹灰等操作以及煤质发生变化时都将对再热蒸汽温度产生扰动,在上述情况下要特别注意再热蒸汽温度的监视和调整。再热蒸汽温度调整过程中要加强对受热面金属温度的监视,再热蒸汽温度的调整要以金属温度不超限为前提,如金属温度超限,要积极查找原因并进行处理,必要时要适当降低再热蒸汽温度或降低机组负荷。

(5) 锅炉运行中,如果再热蒸汽温度超过正常值,要加强对下列项目的检查:受热面的吹灰,中间点温度的偏值,排烟温度,过剩空气系数,机组的抽汽量,减温水调节门的开度,燃烧器摆角的实际位置,锅炉本体的漏风等。

此外,当锅炉负荷在50%～100%BMCR的范围内时,再热蒸汽温度应控制在额定值,两侧再热蒸汽温度偏差小于规定值,同时受热面沿程工质温度、受热面金属温度不超过规定值,事故减温水调节门全关。

七、锅炉负荷与蒸汽压力的调整

超临界直流锅炉正常运行中,锅炉负荷与蒸汽压力息息相关,应根据锅炉负荷的需要,相应调整锅炉蒸发量,维持定压运行,保持锅炉负荷与蒸汽压力的匹配,在锅炉负荷调整的过程中,一定要兼顾蒸汽压力的变化。蒸汽压力过高,将使锅炉承压部件承受过大的应力,影响设备寿命;蒸汽压力低于额定值,会使蒸汽在汽轮机内膨胀做功的焓降减小,降低了汽轮机的做功能力。如果蒸汽压力频繁波动,会使承压部件经常处于交变应力的作用下,引起部件金属的疲劳损坏。

一般情况下,锅炉负荷与蒸汽压力的调整方式可分为锅炉跟踪方式(又称炉跟机方式)、汽机跟踪方式(又称机跟炉方式)和机炉协调方式三种。根据锅炉负荷与蒸汽压力的影响因素及控制方式,当锅炉负荷与蒸汽压力不匹配时,应做如下调整:

(1) 锅炉正常运行过程中,应根据锅炉负荷的需要,相应调整锅炉蒸发量,保持过热蒸汽压力在规定范围内,保持锅炉最大蒸发量不超过规定值。锅炉负荷在40%至100%之间变化时,负荷的增减可通过协调控制系统进行负荷定值和负荷变化率定值的设定。

(2) 锅炉正常运行时,过热蒸汽压力的调整通过自动方式进行,增、减给煤机转速应平稳均匀,以维持过热蒸汽压力的稳定,使锅炉蒸发量的变化与锅炉负荷变动相适应。当出现给煤机出力过高、过低时,则应切除过热蒸汽压力自动,在手动操作调整正常后方可重新切至自动调节方式。当过热蒸汽压力处于自动控制方式时,应严格监视过热蒸汽压力在规定范围内,严禁大幅度调整给煤量,防止燃烧恶化造成局部受热面超温,或燃烧不稳造成灭火事故。更不允许采用破坏燃烧的方式调整过热蒸汽压力。此外,还应加强对锅炉各受热面管壁温度的监视和分析,加强对锅炉各受热面的吹灰工作,以防锅炉结焦。

(3) 在机组进行重大操作(例如,汽轮机做调节门试验,高压加热器投、停,风烟系统设备启、停,制粉系统切换运行,机组大幅度升、降负荷或发生故障)时,应根据具体情况切除过热蒸汽压力自动。当汽轮机高压加热器停用时,为了防止再热器超压超温,应适当降低锅炉负荷,密切监视再热器进口压力,防止再热器安全门动作及再热器管壁超温。

(4) 在非事故情况下,禁止采用动力泄放阀降低蒸汽压力。若蒸汽压力超过安全门动作值，且安全门和动力泄放阀不动作，锅炉应立即手动 MFT，并请示值长采取相应的措施进行降压，以防止锅炉过热器管道发生爆炸，待蒸汽压力恢复正常，经值长同意后，按运行规程规定重新点火。

八、锅炉低负荷运行与调整

当锅炉在负荷小于 60%满负荷状态下运行时，可看作低负荷运行。锅炉最低不投油稳燃负荷为 240 MW。锅炉低负荷运行时，不但锅炉燃烧不稳定，而且锅炉各参数变化较大。为保证锅炉燃烧的稳定及锅炉各参数的平稳变化，应做如下调整：

(1) 在锅炉低负荷运行期间，严禁磨煤机隔层运行，单台磨煤机出力维持在 35 t/h 以上，并加强对运行制粉系统的检查，发现异常及时调整。同时严密监视炉内燃烧情况，当燃烧不稳定时，应立即投油助燃。当锅炉减负荷至 40%BMCR 时，是否投油助燃应根据燃煤特性(水分、挥发分、灰分)及制粉系统投用的层次而定。如果锅炉受热面进行吹灰工作，必须在燃烧稳定的工况下进行，并加强对燃烧情况的监控，燃烧不稳应立即停止吹灰。省煤器出口的烟气含氧量应控制在 4.84%～6.0%，二次风箱与炉膛的压差应控制在 0.4～0.8 kPa。

(2) 在锅炉负荷下降的过程中，必须加强对给水流量、主蒸汽压力、主蒸汽及再热蒸汽温度、中间点温度及煤水比变化的监视和调整。当机组降负荷使得总给水流量低于 900 t/h 时，应注意两台汽动给水泵再循环门的开度，防止再循环门摆动或再循环门瞬间开启，引起给水流量摆动或突降。当发生上述情况时，立即将再循环门切为手动操作，根据给水流量逐渐开大再循环门直至全开，并做好一台汽动给水泵跳闸时，及时关闭再循环门的事故预想。

(3) 锅炉低负荷运行时，应尽可能选择“CCS”运行方式，在设备、系统投入自动控制时，如出现燃烧不稳现象，应切换为手动操作。机组在增、减负荷过程中，调整给煤机出力不应幅度过大，一旦某套制粉系统停用时，应及时关闭对应的一、二次风挡板，关小周界风挡板，同时调整引风量、送风量，使炉膛压力保持在规定值，烟气氧量在正常范围内，保持炉膛燃烧稳定。

(4) 锅炉低负荷运行时，必须加强对过热蒸汽温度和再热蒸汽温度变化的监视，尽量不用或少用减温水，应保持过热蒸汽、再热蒸汽有一定的过热度。此外还应对省煤器出口水温进行监视，保持进水稳定，保持煤水比在正常值。

第二节　汽轮机运行与调整

汽轮机正常运行与调整的主要内容有：按照正常运行的要求控制参数限额，监视汽轮机主要参数是否符合规定，按照规定内容进行设备定期巡检及维护，使机组在经济状态下运行。汽轮机正常运行中的一些重要参数，如主蒸汽温度、主蒸汽压力、凝汽器真空、轴向位移、轴瓦温度、振动位移及监视段压力等，对汽轮机安全、经济运行起着决定性的作用。因此，运行中必须对这些参数认真监视并及时调整，使其保持在规定范围内。

一、汽轮机正常运行与控制的主要参数及限额

汽轮机正常运行与控制的主要参数及限额如表 5-2 所列。

表 5-2 汽轮机正常运行与控制的主要参数及限额

项　目	单位	正常值	报警		跳闸值	备　注
			高限	低限		
主蒸汽压力	MPa	24.2	25.4			极限不大于 28.92 MPa
再热蒸汽压力	MPa	3.90	4.5			
调节级压力	MPa	<19.8	20.69			
主蒸汽温度	℃	566	574	552	594	
再热蒸汽温度	℃	566	574	552	594	
主再热蒸汽温差	℃	14	28			达 42 ℃(运行时间≤15 min)
蒸汽室内外壁金属温差	℃		83			
高中压缸外缸上下温差	℃	42			55.6	
高压缸排汽温度	℃	<404			427	
高压差胀	mm	+8～−2	9.5/−3.8		10.2/−4.5	
低压差胀	mm	0～15	15/−0.2		16/−1	
轴振动位移	mm	<0.076	0.127		0.254	
轴向位移	mm	±0.6	±0.9		±1.0	
低压缸排汽温度	℃	<65	79			121 ℃(运行时间<15 min)
凝汽器压力	kPa	4.9	24.7		31.3	
润滑油压	MPa	0.096～0.124		0.082	0.06	
润滑油温度	℃	40～45	49	35		
轴承温度	℃	90	107		113	
推力轴承温度	℃	80	99		107	
回油温度	℃	65	77		82	
EH 油压	MPa	14±0.5	11.03		9.3	
EH 油温	℃	37～55	55	37		
油箱油位	mm	550～650	915	430/300	200	
调节级与高压缸排汽压力比	MPa				<1.7	
轴封蒸汽压力	kPa	22～30	32	20		
轴封蒸汽温度	℃	149	179	121		
机组转速	r/min	3 000			3 300	

二、汽轮机正常运行监视的内容

(1) 定期检查各转动机械的振动位移、轴承温度、润滑油压、润滑油温、轴承振动位移、油箱油位或轴承箱油位及油质、电机温度等是否正常。

(2) 定期检查 DCS 画面各设备及系统的压力、温度、水位、流量等是否正常，密切注意报警情况。

(3) 定期检查润滑油、EH 油及旁路油站，汽、电动给水泵油位是否正常。

(4) 定期检查定子冷却水箱、闭式冷却水箱、储水箱、除氧器、凝汽器及加热器水位是否正常。

(5) 定期检查发电机各部温度是否正常，有无局部过热现象，进、出水温及风温是否正常。

(6) 定期检查发电机各部声音是否正常，振动位移不超过 0.127 mm。

(7) 定期检查发电机及冷却水管路有无渗漏现象。

(8) 定期检查定子线圈冷却水各参数是否符合规定的要求。

(9) 定期检查机壳内氢气压力、纯度、温度、湿度等各参数是否符合规定的要求。

三、汽轮机运行与调整

(一) 除氧器水位调整

(1) 正常运行时应尽量维持除氧器水位在自动控制方式，除氧器水位的正常值必须保持在(2 550±100)mm 范围内。在除氧器冲洗过程中，出现水位过高或过低现象时，应解除除氧器水位自动，参照除氧器水位与正常水位的差值，对应凝结水量和给水量进行手动调整。注意操作幅度不宜过大，防止造成扰动大而频繁调整，使水位长时间不稳。在手动调整水位时还应注意除氧器的进汽压力，防止除氧器振动、失压或超压。同时应注意凝汽器水位及凝结水泵运行是否正常。在调整除氧器水位接近正常值 2 550 mm 并且稳定后，且除氧器水位主、副调节门无强制手动信号，方可将除氧器水位主、副调节门置于自动控制状态。

(2) 当除氧器水位主、副调节门机械故障无法操作时，可以用其旁路电动门调整，方法与注意事项同以上操作，为避免水位波动，此门须就地操作，同时，必须解除 AGC，稳定机组负荷。

(3) 除氧器水位主、副调节门自动位置受单冲量或三冲量控制，只有在副调节门开至80%时，主调节门才参与调整。

(二) 除氧器压力调整

(1) 正常运行时四抽供除氧器电动门在全开状态，辅汽至除氧器压力调节门随着四抽压力的升高，逐渐关闭，除氧器滑压运行，除氧器压力随机组负荷的升高而升高。只有在除氧器投入加热与定压运行时，辅汽至除氧器压力调节门才参与调整。

(2) 在除氧器加热过程中，应根据加热要求的温度以及辅汽的压力进行手动调整。当辅汽供汽温度超过 300 ℃时，开启辅汽至除氧器管道疏水门和辅汽至除氧器电动门，稍开辅汽至除氧器压力调节门，保持除氧器压力在 0.02～0.05 MPa 范围。注意供汽管道振动情况。根据凝结水量逐渐开大辅汽至除氧器压力调节门,升压至 0.047 MPa,注意应缓慢提升除氧器压力,防止除氧器因汽水压力不匹配而振动,以便均匀加热给水。在除氧器压力达 0.047 MPa 稳定后,辅汽至除氧器压力调节门无强制手动信号后,开启辅汽至除氧器压力调节门自动(压力定值为 0.047 MPa),监视其自动跟踪进入定压运行状态。

(3) 除氧器汽源切至启动分离器供汽时,应加强监视除氧器压力、水位及凝结水压力和凝汽器水位的变化以便及时调整。

(4) 除氧器滑压运行时应严密监视凝结水量与机组负荷是否匹配,防止造成除氧器失压或超压。

(三) 加热器水位调整

(1) 通过调整高压和低压加热器正常疏水门及事故疏水门的水位跟踪设定值,高压和低压加热器正常水位在±30 mm 左右,水位高于+38 mm 时,检查其事故疏水门是否自动开启,如没有自动开启应手动开启。若正常疏水门跟踪不好应解除自动,进行手动调整。

(2) 在加热器水位调整时,应检查加热器上、下端差,并与设计值相比较,如下端差超过设计值,应通过试验确定合理的运行水位。调整时应保持加热器水位不低于正常值低限,防止造成对加热器管壁及疏水冷区段的冲刷。端差超限,对机组经济运行不利。

(3) 加热器水位超过+88 mm 时,应检查危急疏水门开启调整是否正常;水位超过+138 mm 时,加热器解列,并应及时手动开大事故疏水门降低加热器水位。分析水位高的原因,必要时进行加热器检漏。

(4) 加热器水位手动调整时,在调整水位接近正常值时,如无强制手动信号且无机械故障的情况下,应及时将水位控制方式置于自动控制状态。

(四) 氢气温度调整

(1) 机组正常运行时,发电机氢气温度控制投自动,氢气冷却器温度设定 45 ℃,最低不低于 40 ℃,最高不高于 50 ℃。机组停用后,随氢气温度下降,及时关闭氢气冷却器调节门和氢气冷却器进出水门,以防发电机过冷。

(2) 在负荷不变的情况下,若氢气温度调节门开度过大,应查看冷却水温度以及氢气冷却器水侧进出口门、调节门状态是否正常,以便进行综合处理。

(3) 机组启动过程中,不应过早地向氢气冷却器供冷却水,应在入口风温超过 40 ℃时,再将氢气冷却器水侧进出口门、调节门开启,并将其控制方式切至自动控制方式。

(五) 润滑油温度调整

(1) 机组润滑油正常温度为 40～45 ℃,在调整过程中应根据机组负荷、冷却水温度进行综合调整。

(2) 如在机组负荷、冷却水温度没有变化,冷油器温度调节门开度正常的情况下,油温升高,应查看冷油器水侧进出口压差是否过大,水门就地状态是否正确,必要时切换备用冷油器运行。

(3) 手动调整润滑油温,应保持勤调、勤跟踪的原则,防止油温波动过大,导致机组振动和轴承温度过高。

第三节　电气运行与调整

电气正常运行与调整包括发电机的运行与调整、变压器的运行与调整、厂用电系统的运行与调整、直流电源系统的运行与调整及电气运行相关参数的调整。

一、发电机的运行与调整

（一）发电机额定工况下的运行方式

(1) 发电机按制造厂铭牌规定数据运行的方式，称为额定运行方式，在此方式下，可以长期连续运行，但应满足下列条件：

① 水系统正常运行；

② 发电机充氢且氢压正常，将四组氢气冷却器全部投入运行；

③ 发电机的频率在正常范围内；

④ 发电机的电压在正常范围内。

(2) 不允许发电机无励磁运行，也不允许长时间做逆功率运行。

（二）发电机正常运行时的非电气量限制

(1) 发电机的载荷能力要受到其各部分温度限额的限制，发电机在运行中各部分的温度不得超过规定报警值。

(2) 如果四组氢气冷却器中的一组退出运行，则允许发电机以不超过75%额定负荷运行，但发电机定子冷却水系统必须正常运行，发电机进风温度在规定范围内。

(3) 发电机不允许在定子冷却水系统故障后继续运行。

（三）电压、频率、功率因数变化时的运行方式

(1) 发电机在额定容量、频率、功率因数下运行时，发电机定子电压在额定电压的95%～105%范围内变动，且功率因数为额定值时，其额定容量不变，即定子电压在该范围内变动时，定子电流可按比例相反变动。

(2) 当发电机电压低于额定值的95%时，定子电流长期允许的数值不得超过额定值的105%。

(3) 发电机正常运行中频率变化时，定子电流、励磁电流及各部分温度不得超过限额值。

(4) 发电机正常运行时，定子电流三相应平衡，其各相电流之差一般不得超过额定值的10%，同时最大一相电流不得大于额定值。

(5) 当频率变化在48.5～51.0 Hz范围内且功率因数为额定值时，发电机可按额定容量运行。

(6) 正常运行中，应调整发电机的无功出力，使500 kV母线电压在相应时段电压曲线的上、下限之间运行。若须进相运行，按调度命令及进相规定执行。

(四) 励磁系统运行规定

(1) 发电机励磁系统为自并激励磁系统。

(2) 微机励磁调节器一般由 A、B 两套通道组成，可任选一个通道工作，另外一个通道备用(由继保人员在每次机组大小修后启动前轮换运行通道)。备用通道跟踪运行通道，当运行通道故障时，备用通道可以无扰自动切换。A 套通道测量电压量取自发电机出口 2 号 PT；B 套通道测量电压量取自发电机出口 1 号 PT。定子电流量取自发电机出口 CT，转子电流量取自励磁变压器低压侧 CT。每台机配置四台励磁整流柜。

(3) 发电机起励电源由本机 400 V 厂用母线供给。在起励过程中，当发电机定子电压达到 $10\%U_N$ 或起励时间超过 8 s 时自动退出起励回路，而后由自动励磁调节装置控制励磁整流柜向发电机供给励磁电流。

(4) 励磁系统的运行规定如下：

① 在正常运行情况下四台励磁整流柜并列运行，特殊情况下可由 1～3 台励磁整流柜运行。

② 运行人员不得对励磁调节柜和励磁整流柜所属系统测量绝缘。必须测量时应由检修人员进行。在进行相邻设备系统绝缘测量时应将上述系统隔离。

③ 励磁调节柜、励磁整流柜不允许无风机运行。必须先开启风机后，再运行励磁调节柜和励磁整流柜。

④ 励磁整流柜并列运行时，各组整流柜的输入、输出电压、电流应基本平衡。一台整流柜运行时，发电机带负荷以转子电流不超过限值为准，超过此值时应降低无功出力。

⑤ 在正常情况下励磁整流柜风机按自动方式运行。风机运行受功率柜智能控制器直接控制和监视，自动检测风压并进行风机智能切换。

⑥ 励磁调节柜背面去各整流柜的"脉冲输出开关"应在"投入"位置，运行中不得进行操作，以防整流柜输出为零。发电机运行中严禁将某一台整流柜组件摇出仓外，若某一台整流柜故障须将其退出时，只断开其"脉冲输出开关"即可。

(5) 电力系统稳定器(PSS)的运行规定如下：

① PSS 保护装置的投入与退出必须按照上级调度部门的命令执行，原则上，机组运行时，PSS 保护装置必须投入。严禁随意改变 PSS 保护的运行方式。

② PSS 保护的功能投退可通过励磁调节器上的"PSS 投入"小开关投退，也可通过 DCS 中发变组主画面"励磁操作"按钮的下一级菜单选择 PSS 的投入与退出。上述两种操作方式为并联，正常情况下以 DCS 中的按钮方式为主，当 DCS 中操作无效时改用调节器面板方式。

③ DCS 画面中的 PSS 保护装置的"投入"与"退出"按钮，红色为当前有效功能，黑色为等待操作的功能。

④ 机组正常运行中，任何原因引起 PSS 功能故障退出时，均应及时向上级调度部门汇报。

(6) 自动调节控制(AVC)装置的运行：

① AVC 装置接收网调主站下发的对机组的无功调节指令。网调主站根据 500 kV 母线电压的控制目标值、机组的运行方式和参数进行判别计算，对机组的无功进行优化分配，确定机组无功目标值后分别下发至机组励磁装置，实现对机组无功的自动控制，从而达到调整 500 kV 系统电压的目的。AVC 装置由上位机、下位机、通信通道、转发通道、信号采集与控制输出接口、电源装置等六大部分组成，在值长调度台配置一台后台机，实现机组 AVC 装置的监控管理功能。

② AVC 装置的运行规定如下：

a. 机组 AVC 装置的正常投、退应按网调的指令进行。

b. 在机组 AVC 装置自动控制方式运行时，应严密监视机组的运行工况及 500 kV 母线电压的变化情况，若发现机组运行参数越限、AVC 装置出现“双向闭锁”无法调节或设备出现其他异常情况时，应立即向网调汇报，将 AVC 装置手动退出运行，正常后再投入运行并做好记录。

c. 如因通道故障或某一安全约束条件越限引起 AVC 装置自动退出且无法运行时，应立即向网调汇报并联系检修人员处理。

d. 当单元机组正常降负荷可能至 450 MW 以下运行时，应提前联系网调使机组退出 AVC 方式。

e. 运行人员不得随意修改 AVC 系统中的有关约束条件及参数。AVC 系统中有关参数的修改应依据网调下达的通知单或变更单由继保人员负责修改。

（五）发电机进相运行规定

(1) 当系统需要时，根据调度要求，允许发电机进相运行。

(2) 发电机进相运行时，失磁保护装置必须投入运行。

(3) 发电机进相运行时，AVR 必须处于恒压运行方式，调节器中低励限制器不得停用或调低定值，机端电压不得低于 95%U_N，6 kV 厂用母线电压不得低于 5.7 kV，400 V 母线电压不得低于 365 V。当上述电压满足不了要求时，及时向上级调度部门汇报，必要时将厂用电源切换为备用电源供电。

(4) 发电机进相运行时，发电机各部位温度不得超过允许值。

(5) 额定氢压时进相限额不得低于厂家规定参数，具体数据以进相试验报告数值为准。

二、发电机正常运行中的监视与检查

（一）一般规定

(1) 按运行日志规定内容每 2 h 抄表一次。

(2) 认真观察发变组系统各种仪表指示是否正常，如发现异常应进行必要的调整操作。

(3) 发电机无功负荷的调节，应在保证发电机定子电压和功率因数运行在允许范围内的前提下，以满足系统对电压的需要为原则，同时还应兼顾厂用电压的运行要求。

(4) 当 500 kV 母线电压值超过上限时，无论 AVC 装置运行与否，均应保证将 500 kV 电压调整至合格值范围内。此时若 AVC 装置未运行，应迅速减励磁以降低机组无功直至进相。若 AVC 装置运行，应立即向调度员汇报，将 AVC 装置短时退出运行，人工降低机组无功直至进相运行，以保证 500 kV 电压合格，之后再将 AVC 装置投入运行。

(5) 当 500 kV 母线电压低于电压曲线的下限时，应迅速增加励磁以提高机组无功。当有功负荷未达到额定值时，应监视发电机定子电流、转子电流值不得越限，同时要防止主变压器过负荷运行。

（二）发电机正常运行中的监视

(1) 发电机有功负荷的增减，正常由 AGC 或集控值班人员调整。

(2) 发电机无功负荷的调整，应在保证发电机定子电压和功率因数运行在允许范围内的前提下，以满足系统对电压的需要为原则，同时还应兼顾厂用电压的运行要求。

(3) 正常运行时，每班应抄录发电机各运行工况参数，特别是发现个别参数显示异常时，应加强监视并分析原因，及时汇报，通知检修人员处理。

(4) 每班应对发电机本体及碳刷、励磁变压器、励磁调节器、发电机绝缘过热监测装置、继电保护装置等进行一次全面认真检查，确保上述设备正常且与当前运行工况相符，若发现缺陷及时记录、汇报、处理。

（三）发电机正常运行中的检查

(1) 发电机各部温度正常，无局部过热现象，进、出水温和风温正常。

(2) 发电机各部声音正常，振动正常。

(3) 发电机及冷却水管路无渗漏现象。

(4) 定子线圈冷却水各参数符合规定的要求。

(5) 机壳内氢气压力、纯度、温度、湿度等各参数符合规定的要求。

(6) 转子大轴接地与碳刷接地良好，碳刷与转轴接触良好，无异常。

(7) 励磁系统的绝缘合格，无接地现象；励磁碳刷与滑环接触良好，无跳动、卡涩、冒火情况，碳刷长度符合要求。

(8) 励磁系统各元件无松动、过热现象，保险无熔断现象，各开关位置正确，风机运行正常，指示灯指示正常。

(9) 励磁变压器温度正常，无异声、焦臭、变色和异常振动情况，无异常报警。

(10) 励磁变压器前、后门应关闭，冷却风扇运转情况与线圈温度相对应。

(11) 投入发变组保护装置，指示灯指示正常，压板位置正确。

(12) 各 CT、PT、中性点变压器无发热、振动及异常现象。

(13) 封闭母线无振动、放电、局部过热现象，封闭母线微正压装置运行正常。

(14) 漏液、漏氢检测装置运行正常，无报警信号。

(15) 发电机绝缘过热监察系统运行正常，电流指示在 100%。

（四）滑环碳刷的维护

(1) 维护滑环碳刷工作时的注意事项如下：

① 在转动着的发电机上更换碳刷，应由有经验的人员进行，一人监护，一人工作。工作时应穿长袖工作服，袖口应扎紧，禁止穿短袖衣服或把衣袖卷起来。女工还应将长发盘在帽

子内。

② 工作时应穿绝缘靴或站在绝缘垫上，使用绝缘良好的工具并应采取防止短路及接地的措施。当励磁系统有一点接地时，应停止工作。

③ 禁止两人同时在同一转动的电机的两极上工作。禁止同时用双手直接接触不同极的带电部分，或一只手接触导电部分，另一只手或身体其他部分接地。

(2) 对滑环的维护除按发电机检查项目进行外，还需要注意以下各点：

① 所更换的碳刷型号规格应一致。

② 每次更换时，同一滑环碳刷不应超过 6 块。

③ 更换的碳刷要研磨良好，与滑环的接触面不应小于 2/3。

④ 更换碳刷时，其压簧压力正常，无过热、断裂现象。

(3) 对滑环碳刷定期测量温度及电流的规定如下：

① 每月单日中班对发电机碳刷的电流及温度测量一次。

② 测量电流方法：使用钳型电流表直流挡，将一块碳刷的两根刷辫一起放入钳口内测量。

③ 测量温度方法：用红外线测温仪对准碳刷的刷体、刷辫等处进行测量，记录最高点温度。

④ 发现有碳刷电流小于 10 A 时，迅速检查是否有卡涩或接触不良等情况并进行调整，经处理仍然无效时联系检修处理。

⑤ 测量工作由两人进行，一人操作，另外一人监护并记录数据。测量中要严防异物落入刷握内或滑环上引起短路、碳刷卡住损坏、冒火或人身意外。

⑥ 测量时，戴好耳塞，做好个人防护。

⑦ 测量数据按表格认真、准确地做好记录。

第六章 机组主要辅机运行

火力发电机组是由锅炉、汽轮机、发电机及由数量庞大的辅机、阀门、执行器等辅助设备组成的系统构成的。任何辅助设备不正常运行都可能导致整个热力系统的瘫痪，甚至可能引发整个发电机组的损坏，更严重的还可能导致其机毁人亡。机组主要辅机安全稳定运行的重要性不言而喻。

第一节 辅机运行规定

一、辅机运行基本规定

(1) 检修后的设备必须进行试转合格后方可投运。试转前检查内部无异物，所有检修工作结束且工作票全部终结。

(2) 辅机启动前应全面检查，启动条件具备后方可启动，备用辅机应随时处于启动状态，备用设备应定期倒换运行。

(3) 离心风机启动前应将出口挡板关闭。动叶可调轴流式风机启动前应将动叶调至关闭位置，且关闭出口挡板。静叶可调轴流式风机启动前应开启出口挡板。离心泵启动前应关闭出口门。

(4) 应在绝缘测量合格的前提下，方可进行辅机电机送电操作。

(5) 在辅机与转动机械连接前，必须先试转辅机电机且旋转方向正确。

(6) 不可同时启动两台 6 kV 设备。

(7) 若启动辅机时发生故障跳闸，必须查明原因和消除故障后方可再次启动。

(8) 启动 6 kV 或 380 V 重要辅助设备时，现场必须有专人监护，发现问题及时汇报和处理。

为防止设备误启或误停，应将“禁操”保护装置置于工作位置。对于备用设备，必须投入其连锁保护开关。

(9) 为保证直流油泵的可靠备用，就地控制柜切换开关必须切在“远方”位置。

二、辅机运行中检查

(1) 一般情况下，转机滑动轴承温度不得超过 80 ℃，滚动轴承温度不得超过 100 ℃。

(2) 润滑油箱、轴承箱油位正常，润滑油供油压力、回油流量、供油温度正常，润滑油系统及轴承无渗漏。

(3) 转机本体、电动机内部以及转机轴承无异常声音。

(4) 各参数在正常范围，控制系统调节装置正常。

(5) 机组热力系统无泄漏。

(6) 转机运行后，电动机电加热装置自动停止。

(7) 若转机启动后跳闸，在跳闸原因未查清前，禁止强制启动该设备。

三、辅机紧急停止的条件

(1) 发生人身伤害事故时，如果不停止该设备，就无法进行抢救。

(2) 运行参数超过保护值，保护未动作。

(3) 辅机发生强烈振动并超过规定值。

(4) 辅机内部有明显的金属摩擦声。

(5) 辅机轴承温度急剧升高，超过规定值或轴承冒烟。

(6) 电动机冒烟、着火或淋水严重。

(7) 油泵或油系统大量漏油。

第二节　锅炉辅机运行

锅炉主要辅助设备及其系统包括磨煤机、给煤机、空气预热器、送风机、引风机、一次风机及涉及上述设备的系统，如制粉系统、风烟系统、锅炉燃油系统及压缩空气系统等。

一、制粉系统的运行

制粉系统是锅炉的重要组成部分。制粉系统运行的好坏直接关系到锅炉的安全性和经济性。制粉系统的正常运行，主要表现在一次风压、磨煤机通风量、出口温度、磨煤机进出口压差以及煤粉的细度、均匀性、湿度等参数的稳定上。

制粉系统运行的基本要求是：制备并连续供给锅炉燃烧所需的煤粉；维持正常的风温、风压，防止发生煤粉自燃、爆炸等事故；保证制粉系统及锅炉机组的安全运行；降低制粉系统电耗，提高制粉系统运行的经济性。

(一) 密封风机的启动、运行维护及停止

1. 密封风机的启动

(1) 关闭密封风机进口挡板。

(2) 开启密封风至各套制粉系统手动蝶阀。

(3) 运行一台一次风机。

(4) 全部关闭六台磨煤机密封风进口门。

(5) 密封风机具备启动条件。

(6) 在操作员站上启动密封风机。

(7) 迅速开启密封风至两套制粉系统的电动门，防止密封风机喘振。

(8) 调整密封风压与磨煤机一次风压的压差大于 2 kPa，将密封风压控制置于自动方式。

(9) 将另外一台密封风机置于备用状态。

2. 密封风机的运行维护

(1) 密封风机轴承温度应小于75 ℃,电机轴承温度应小于80 ℃,电机绕组温度应小于100 ℃。

(2) 密封风机入口滤网压差不得超过1 kPa。

(3) 密封风机电机外壳温度不得超过70 ℃,温升不得超过65 ℃。密封风机的振动位移不得超过80 μm。

3. 密封风机的停止

(1) 磨煤机全部停止、通风完毕后,停止密封风机,关闭入口挡板。

(2) 当一台密封风机运行,另外一台密封风机需要检修时,必须将所需检修的密封风机入口挡板关闭并停电。

(二) 制粉系统的启动、运行维护及停止

1. 制粉系统的启动

(1) 运行磨煤机润滑油系统,润滑油压大于0.15 MPa。

(2) 开启磨煤机电机空气冷却器冷却水门,保持其冷却水畅通。

(3) 开启磨煤机的密封风门。

(4) 开启磨煤机的消防蒸汽门。

(5) 开启磨煤机的冷热风挡板。

(6) 开启磨煤机冷风调节挡板,控制风量大于等于60 t/h。

(7) 启动磨煤机,开启磨煤机热风调节门,调节磨煤机出口温度在75 ℃以上。

(8) 启动给煤机,迅速将给煤量加至14.8 t/h后,根据锅炉工况,将给煤机给煤量逐渐增加到额定给煤量的40%以上,或调整给煤机给煤量与其他给煤机给煤量平衡后,将给煤机给煤量控制方式切至自动控制方式。

(9) 给煤机启动后,关闭磨煤机消防蒸汽门。

(10) 调整热风调节门,将冷、热风调节门的控制方式切至自动控制方式,控制磨煤机出口温度在75 ℃。

2. 制粉系统的运行维护

(1) 保持密封风压与一次风压的压差大于1.2 kPa。

(2) 正常运行时,磨煤机的出口温度不应超过85 ℃。

(3) 运行磨煤机的平均出力超过80%的额定煤量时,应增开一台磨煤机。运行磨煤机的平均出力低于40%的额定煤量时,应停止一台磨煤机。

(4) 给煤机给煤量控制在额定煤量的40%～80%。

(5) 正常运行中,保证磨煤机润滑油压大于0.15 MPa,油温在30～40 ℃之间。

3. 制粉系统的停止

(1) 逐渐降低给煤量至额定煤量的40%。

(2) 调整磨煤机出口温度到60 ℃后,将磨煤机进口热风门置自动控制状态。

(3) 解除热风调节门自动,关闭热风闸板和调节挡板。

(4) 关闭给煤机入口门。

(5) 当给煤机胶带上的煤走空后，停止给煤机运行。

(6) 对磨煤机吹扫 10 min，且其出口温度已小于 50 ℃，磨煤机电流降至空载值时，停止磨煤机运行。

(7) 将磨煤机冷风调节挡板关至 5%，保持磨煤机的冷却。

(8) 磨煤机轴承温度降至常温后，停止其润滑油泵运行。

二、风烟系统的运行

锅炉风烟系统的辅机主要包括空气预热器及各风机。

(一) 空气预热器的启动与停止

空气预热器是利用锅炉尾部烟气热量来加热燃烧所需空气的一种热交换装置，空气预热器不但可回收烟气热量，同时也能降低排烟温度，因而，可提高锅炉效率。

1. 空气预热器的启动

(1) 打开空气预热器一次风侧出口挡板、二次风侧出口挡板及烟气侧入口挡板。

(2) 启动推力轴承和支承轴承的冷却油泵，两台油泵运行正常。

(3) 启动空气预热器气动马达，在空气预热器转动后延时 180 s，启动辅助电机，延时 30 s 后停止气动马达。

(4) 投入空气预热器主电机、辅助电机连锁保护开关，待辅助电机运行 5 min 后，启动空气预热器主电机，辅助电机自动停止运行。

2. 空气预热器的停止

(1) 锅炉已停运。

(2) 停止空气预热器主电机运行。

(3) 辅助电机自动启动。

(4) 停止辅助电机运行。

(5) 气动马达自动启动。

(6) 当空气预热器入口烟温低于 150 ℃时，停止空气预热器气动马达运行。

(二) 引风机的启动与停止

1. 引风机的启动

(1) 打开空气预热器烟气侧入口挡板。

(2) 打开引风机出口挡板。

(3) 关闭引风机入口联络门。

(4) 引风机入口静叶在关闭位置，轴冷风机有一台已运行，投入轴冷风机连锁保护开关。

(5) 满足引风机启动逻辑条件。

(6) 启动 A 引风机，开启电除尘烟气出口挡板。

(7) 用同样方法启动 B 引风机。

(8) 两台引风机运行正常后,打开引风机入口联络门。

2. 引风机的停止

(1) 待停引风机侧的送风机处于停止状态。

(2) 将引风机入口静叶由"自动"状态切换至"手动"状态。

(3) 关闭引风机入口联络门。

(4) 逐渐将待停引风机入口静叶开度关至零位。

(5) 关闭引风机入口挡板。

(6) 停止引风机运行。

(7) 关闭引风机出口挡板,就地风机转速到0。

(8) 当引风机的润滑油站油箱油温小于40 ℃时,停止润滑油泵运行。

(三) 送风机的启动与停止

1. 送风机的启动

(1) 送风机液压润滑油泵出口油压不低于2.5 MPa。

(2) 送风机出口挡板及动叶在关闭位置,送风机出口联络门在打开位置。

(3) 空气预热器二次风侧出口挡板在关闭位置。

(4) 打开喷燃器辅助风挡板。

(5) 至少有一台引风机在运行,且炉膛压力正常。

(6) 送风机启动程序逻辑条件许可。

(7) 送风机出口门已关闭。

(8) 送风机入口动叶已关闭。

(9) 对侧送风机运行或对侧送风机出口门和入口动叶已开启。

(10) 相应侧空气预热器二次风侧出口挡板已开启。

(11) 相应侧引风机已运行。

(12) 送风机油站运行正常,送风机轴承温度小于70 ℃。

(13) 送风机出口联络风门已关闭。

(14) 启动A送风机,待A送风机电流返回到正常值后,打开出口挡板。用同样方法启动B送风机,然后开送风机出口联络门。

2. 送风机的停止

(1) 将送风机动叶由"自动"切换至"手动"调整。

(2) 逐渐将待停送风机的动叶开度关至零位。

(3) 关闭送风机出口挡板。

(4) 停止送风机运行。

(5) 5 min后关闭液压油供油。

(6) 在送风机转速到零后,且送风机轴承温度低于40 ℃时,停止液压润滑油泵。

(四) 一次风机的启动与停止

一次风系统主要作用是输送煤粉,向磨煤机提供一次风(热风),同时还向磨煤机、给煤机提供密封风(冷风)。

1. 一次风机的启动

(1) 一次风机动叶在关闭位置,一次风机出口挡板在关闭位置。

(2) 磨煤机热风隔绝挡板在关闭位置。

(3) 打开同侧空气预热器出口侧热一次风挡板。

(4) 打开一次风机冷风挡板。

(5) 关闭一次风机动叶。

(6) 关闭一次风机出口挡板。

(7) 满足一次风机启动逻辑条件。

(8) 启动A一次风机,其电流正常。打开A一次风机出口挡板,根据锅炉实际情况调整一次风机动叶。

(9) 用同样方法启动B一次风机。

(10) 调整两台一次风机动叶至相同开度。

(11) 两台一次风机电流、出口风压、风量在规定范围内。

2. 一次风机的停止

(1) 将一次风机动叶由"自动"切换至"手动"调整。

(2) 逐渐将待停一次风机的动叶开度关至零位,同时注意磨煤机的一次风量及炉膛负压的变化。

(3) 关闭一次风机出口挡板。

(4) 停止一次风机运行。

(5) 在一次风机轴承温度低于40 ℃时,停止润滑液压油泵运行。

三、锅炉燃油系统的运行

(一) 燃油系统运行前的检查

(1) 燃油系统检修工作结束,各阀门、管路连接完好。

(2) 燃油系统管道支吊架完整,管道保温完好。

(3) 燃油系统各阀门均处于正常状态。

(4) 燃油系统热工仪表取样门全部在开启状态。

(5) 进油和回油速断阀、气动阀、油枪手动门均在关闭状态。

(6) 供油泵具备启动条件。

(二) 燃油系统的运行

(1) 燃油系统各放油门、放空气门、蒸汽吹扫门均在关闭位置。

(2) 开启锅炉燃油系统供油手动总门、供油调节门的前后手动门、滤网前后手动门、供油电磁阀等,关闭供油流量计旁路手动门。

(3) 开启锅炉燃油系统回油手动总门、回油电磁阀前后手动门,关闭回油电磁阀旁路门。

(4) 启动燃油泵。

(5) 通过锅炉燃油系统供油调节门控制油压,油压保持在 1.0 MPa 左右。

(三) 燃油系统的运行维护

(1) 燃油系统运行后,燃油系统管道、阀门无泄漏。

(2) 保持供油压力在 1.0 MPa,燃油雾化蒸汽压力在 0.6～0.8 MPa。

(3) 油枪推进机构完好。

(4) 油枪投用后,应经常检查油枪雾化情况,发现油枪雾化不良应及时联系检修更换油枪喷嘴。

(5) 油枪投用后,加强炉膛火焰监视,发现燃烧不稳或烟囱冒黑烟时,及时进行风量调整,避免因燃烧不好导致空气预热器发生二次燃烧。

(四) 燃油系统的停运

(1) 关闭燃油系统供油手动总门、快关门,开启供油调节门,关闭供油调节门的旁路手动门及供油流量计的旁路手动门。

(2) 关闭燃油系统回油手动总门、电磁阀及前后手动门、旁路门。

(3) 开启燃油雾化蒸汽到供油管路吹扫手动门,开启 EF 层各油枪。调整锅炉燃烧,吹扫约 30 min 后,开启供油流量计的旁路手动门、供油调节门的旁路手动门,关闭供油流量计的前后手动门,开启回油电磁阀。

(4) 对供油管路吹扫 10 min 后,开启燃油雾化蒸汽到燃油回油管路吹扫手动门、回油流量计、电磁阀的旁路门,关闭回油流量计的前后手动门。

(5) 依次开启 AB、CD 层各油枪电磁阀门,吹扫 2 min 后关闭。

(6) 油枪吹扫完毕后,关闭燃油雾化蒸汽到供回油管路吹扫手动门、供油调节门的旁路门、供回油流量计的旁路手动门、回油电磁阀的旁路门、油枪前手动门、燃油雾化蒸汽手动总门、燃油雾化调节门及其旁路门,退出所有油枪。

四、压缩空气系统的运行

(一) 压缩空气系统的启动

(1) 打开空压机气水分离器、空气净化干燥装置、储气罐的疏水手动门,放尽存水后关闭。

(2) 开启空压机冷却水门,冷却水压力不小于 0.2 MPa,冷却水温度不大于 30 ℃,且回水正常。

(3) 将空压机就地控制面板中的空压机状态切至“遥控”。

(4) 启动空压机。

(5) 仪用压缩空气母管压力应不小于 0.7 MPa。

(6) 正常运行时,仪用空压机一台运行,另一台备用。

(7) 运行中的任一台仪用空压机跳闸或仪用压缩空气母管压力低,则启动备用的仪用空压机。

（二）干燥净化装置的启动

（1）干燥净化装置在进行彻底疏水后，关闭其疏水门。

（2）干燥净化装置的进出口门在关闭位置。

（3）开启冷却器进出口手动门，冷却水压力不小于0.4 MPa，冷凝压力在1.0～1.5 MPa，蒸发压力在0.37～0.42 MPa。

（4）稍开干燥净化装置入口电动门，缓慢升压至系统压力后，全开入口电动门。

（5）缓慢开启干燥净化装置出口手动门，向仪用气系统充压，充压完成后全开手动门。

（6）吸干机上的加热器温度小于140 ℃。

（7）启动干燥机，干燥净化装置运行正常。

（三）压缩空气储气罐的启动

（1）开启储气罐的疏水门，放尽储气罐内疏水后关闭。

（2）缓慢开启储气罐入口手动门，对储气罐进行充压。

（3）待储气罐的压力接近系统压力时，稍开储气罐的出口手动门。

（4）待压缩空气母管压力至正常时，全开储气罐的出口手动门。

（四）压缩空气系统的停运

1. 空压机的停运

（1）压缩空气系统已无用气的用户。

（2）解除备用空压机连锁，停运空压机。

（3）空压机卸载10 s后，主电机停运。

（4）仪用储气罐出口母管压力大于6×10^5 Pa。

（5）控制面板上各指示正常。

（6）根据情况关闭空压机冷却水门。

2. 干燥净化装置的停运

（1）缓慢关闭干燥装置出口门及后置过滤器前后隔离门。

（2）缓慢关闭干燥装置前置过滤器前后隔离门。

（3）停止干燥机运行。

（4）根据情况关闭干燥净化装置的冷却水门。

3. 空气储气罐的停运

（1）缓慢关闭储气罐的出口门。

（2）缓慢关闭储气罐的入口门。

（3）缓慢开启储气罐的放水门，将储气罐泄压至零后，关闭放水门。

第三节　汽轮机辅机运行

汽轮机主要辅助设备及系统包括：循环水系统、开式冷却水系统、闭式冷却水系统、凝结水系统、给水系统、润滑油系统、密封油系统、发电机定子冷却水系统、EH油系统、辅助蒸汽系统、轴封系统、真空系统、旁路系统等。

一、循环水系统的运行

(一) 启动前的检查

(1) 检修工作全部结束,工作票终结。

(2) 送上循环水泵控制盘各操作电源及信号电源,循环水系统的各表计指示正常,循环水泵出口液控蝶阀油箱油位正常。

(3) 循环水系统已具备启动条件,开式冷却水系统、胶球系统、水室真空泵系统已隔绝,循环水至化学制水门已关闭,循环水供回水管道沿程自动排汽手动门全开。

(4) 关闭凝汽器循环水进、出水室放水门。

(5) 关闭凝汽器循环水出水门,将凝汽器循环水进水门开启至30%的开度,对循环水系统注水。

(6) 开启低压凝汽器入口及高压凝汽器出口水室放空气门,在出现连续水流后关闭。

(7) 开启凝汽器循环水 A/B 流道出口门,启动出口水室真空泵,进行水室抽空气操作。

(8) 工业水系统运行正常,开启循环水泵及电机轴承冷却水进水手动门,将煤厂冷却水作为备用。

(9) 循环水泵电机上轴承润滑油位、油质正常。

(10) 循环水泵连锁开关在"切除"位置,循环水泵各项保护在"投入"位置。

(11) 将循环水泵液控蝶阀控制方式选择开关置"远方"位置。

(二) 循环水泵的启动

(1) 全开凝汽器循环水出口门。

(2) 在操作员站画面按下循环水泵"联控"启动按钮,启动循环水泵液控蝶阀。

(3) 当液控蝶阀开至15%的开度时,启动循环水泵,循环水泵电流及压力正常,开启循环水泵轴承及电机轴承冷却水供水电磁阀。

(4) 液控蝶阀在 25 s 内全开,全开指示灯亮。

(5) 调整凝汽器进出口门开度,维持循环水压力不低于 0.045 MPa。

(6) 将另一台循环水泵连锁开关置"备用"位置。

(7) 关闭循环水管道注水门。一切正常后,停止水室真空泵运行。

(三) 循环水泵的停止

(1) 循环水系统已无用户,排汽室温度已降至 65 ℃以下。

(2) 将循环水泵连锁开关置"切除"位置。

(3) 循环水泵液控蝶阀在"远方"位置。

(4) 按下循环水泵"联停"控制开关。

(5) 循环水泵液控蝶阀在 5 s 内快关至 75%的开度,通过循环水泵连锁开关将循环水泵停止运行,循环水泵液控蝶阀在 30 s 内慢关至全部关闭。若循环水泵未连锁停止运行,则应手动操作停止其运行。

(6) 若循环水泵发生事故跳闸，则循环水泵液控蝶阀自动关闭。

(四) 循环水泵的运行维护

(1) 运行循环水泵电流、出口压力正常，当运行循环水泵出口压力低于0.04 MPa时，备用循环水泵自动启动。

(2) 运行循环水泵电机轴承温度不大于80 ℃，推力瓦温度不大于80 ℃，电机定子线圈温度不大于120 ℃。

(3) 运行循环水泵电机上轴承振动位移不大于0.06 mm，下轴承振动位移不大于0.06 mm。

(4) 循环水泵轴承冷却水压力为0.27～0.4 MPa，电机轴承冷却水压力在0.15～0.25 MPa。

(5) 循环水母管压力不低于0.045 MPa。

(6) 运行循环水泵出口蝶阀油压在5.3～10 MPa，当油压达11 MPa时，出口蝶阀油系统的溢流阀自动开启。

(7) 循环水泵运行时，出口蝶阀油系统控制蝶阀全开，指示灯应一直亮，当出口蝶阀油系统油压达9.5 MPa时，出口蝶阀油系统油泵自动停止，当油压低于5.3 MPa时，出口蝶阀油系统油泵自动启动。

二、开式冷却水系统的运行

(一) 开式冷却水泵的启动

(1) 根据需要，导通开式冷却水系统的各用户。

(2) 根据开式冷却水系统用户情况，首先开启开式冷却水系统的旁路阀，如能满足用户需求，则向开式冷却水泵注满水，在排净空气后作为备用，开式冷却水泵进口压力大于0.05 MPa。

(3) 将开式冷却水系统的电动滤水器控制方式切至自动控制方式。

(4) 当开式冷却水系统旁路不能满足用户需求时，启动开式冷却水泵，其出口门联开，电动机电流、出口压力、轴承温度等均正常，关闭开式冷却水系统旁路阀。

(5) 开式冷却水泵运行正常后，投入备用泵连锁保护开关，备用开式冷却泵出口门开启。

(6) 根据系统的具体情况。可运行一个电动滤水器，另一个投备用。也可将两个电动滤水器全部投入运行。

(二) 开式冷却水系统运行维护

(1) 开式冷却水泵进出口压力止常，各冷却器温度调节正常。

(2) 开式冷却水泵组在运行时振动位移大于120 μm或电流超限应立即停泵。

(3) 开式冷却水泵轴承温度升高到75 ℃时应立即停泵。

(4) 正常运行时，保持开式冷却水母管压力大于0.1 MPa，如压力降低应检查开式冷却水系统各用户运行是否正常，并及时调节水量。

(5) 开式冷却水泵入口电动滤水器自动排污良好，前、后压差正常。

（三）开式冷却水系统的停运

（1）若仅停用开式冷却水泵，开式冷却水系统仍投运，则应先开启开式冷却水系统旁路门，正常后，再停开式冷却水泵。

（2）机组停运后，所有开式冷却水系统用户已退出运行，方可停止开式冷却水系统运行，将开式冷却水泵进口电动滤水器自动清洗装置退出运行，并根据检修要求将系统设备停电，开启开式冷却水系统放水门放水。

（3）在循环水温度较低时，视开式冷却水系统用户需求开启开式冷却水系统旁路门，两台开式冷却水泵可停止运行。

三、闭式冷却水系统的运行

（一）闭式冷却水系统启动前的准备

（1）闭式冷却水系统正常，凝输泵符合启动条件。

（2）启动凝输泵向闭式冷却水系统及闭式冷却水箱充水，闭式冷却水箱水位为1 500～1 700 mm。

（3）全开氢气冷却器、定子冷却水冷却器和闭式冷却水冷却器水侧进出口阀门、调节阀门、再循环阀门。

（4）将具备投运条件的闭式冷却水冷却器水侧的阀门开至最大，避免泵组启动后系统超压。

（二）闭式冷却水系统的启动

（1）满足闭式冷却水泵启动许可条件。

（2）启动闭式冷却水泵，泵出口门联开。监视闭式冷却水泵启动电流及返回时间是否正常，电流是否超限。

（3）闭式冷却水泵启动后，泵与电机运行正常，轴承温度正常。

（4）闭式冷却水母管压力正常后，投另一台闭式冷却水泵备用，备用泵出口门开启。

（5）闭式冷却水系统用户导通正常后，注意调整再循环门开度维持闭式冷却水系统压力正常。

（6）凝结水系统投运正常且水质合格后，闭式冷却水箱补水由凝结水系统供给，将闭式冷却水箱补水调门的控制方式切至自动控制方式。

（三）闭式冷却水泵的运行监视

（1）闭式冷却水泵出口压力在0.6～0.7 MPa之间，若闭式冷却水母管压力下降至0.3 MPa，备用闭式冷却水泵应该自动启动，否则立即手动启动。

（2）单台闭式冷却水泵运行时，若闭式冷却水母管压力不能维持正常，应保持两台闭式冷却水泵运行，检查各负荷分配情况是否正常，如有偏差应及时调整。

（3）保证闭式冷却水泵电流不超限。

（4）当闭式冷却水泵电动机线圈温度小于120 ℃，轴承温度小于70 ℃，温度大于等于

75 ℃时，立即启动备用泵，停原运行泵 。

(5) 闭式冷却水箱水位自动控制正常，水位维持在 1 500～1 700 mm 范围内。

(6) 闭式冷却水泵入口滤网压差达 50 kPa 时，应启动备用泵、停原运行泵，联系检修人员，清洗闭式冷却水泵入口滤网。

(7) 闭式冷却水正常运行时水温维持在 20～33 ℃范围内，否则应及时调整闭式冷却水冷却器的开式冷却水侧冷却水量。

(四) 闭式冷却水泵的停运

若须停用闭式冷却水泵，应在无闭式冷却水系统用户后，方可停用闭式冷却水泵。

四、凝结水系统的运行

(一) 启动前的准备

(1) 凝结水系统符合投运要求。

(2) 凝结水储水箱补水，将凝结水储水箱补水调节门的控制方式切至自动控制方式，凝结水储水箱补水至水位在 4 500～6 300 mm 范围内。

(3) 启动凝结水输送泵，电流、压力正常。

(4) 用凝结水输送泵对凝汽器补水，将凝汽器水位维持在 850～950 mm 范围内，用凝结水管道注水门对凝结水系统管道注水。

(5) 凝结水泵推力轴承、电机轴承及电动机冷却器的冷却水压在 0.3～0.5 MPa 范围内，水温不大于 38.5 ℃。

(6) 开启凝输水系统至凝结水泵密封水门，调整密封水就地压力表指示在 0.08 MPa，操作员站画面密封水压力指示在 0.3～0.4 MPa 之间，水温不大于 38.5 ℃。

(7) 全开凝结水泵进口门，开启空气门，全开凝结水泵再循环门并将其控制方式切至自动控制方式，开启化学精处理装置旁路门，关闭进、出口门。

(二) 凝结水泵的启动

(1) 凝结水泵满足启动许可条件，凝结水系统已注满水，开启精处理旁路门及凝结水再循环门。

(2) 启动凝结水泵，凝结水泵出口门联开，凝结水泵电加热自动退出，否则手动退出，凝结水泵启动电流及返回时间正常，电流不超限，调节凝结水泵再循环门开度。

(3) 将凝结水泵密封水切至凝结水泵出口母管供给，调节密封水压力在 0.3～0.4 MPa 之间。

(4) 凝结水母管压力稳定后，将另一台凝结水泵连锁保护投备用，并关闭凝结水管道注水门。

(5) 根据需要，导通低压加热器水侧，对凝结水系统管道进行冲洗，水质合格后，稍开除氧器水位调节门，向除氧器上水并排净管道内的空气。

(6) 开大除氧器水位调节门，注意凝结水泵电流、凝结水流量、凝结水压力及凝汽器水位等参数正常。除氧器水位在 2 450～2 650 mm 之间，将除氧器水位控制方式切至自动控制方式，对除氧器进行冲洗。

(7) 当凝结水流量大于 650 t/h 时，注意凝结水泵再循环门逐渐自动关闭，流量小于 650 t/h 时，再循环门自动开启。

(三) 凝结水泵的运行监视

(1) 正常运行时凝结水泵组双向振动位移不大于 0.06 mm。凝结水泵电机轴承处振动速度不大于 4.7 mm/s。凝结水泵轴承振动速度不大于 4.5 mm/s。

(2) 凝结水泵电流不超过 218.5 A。

(3) 凝结水系统运行正常时，凝结水压力应大于 2.6 MPa。若凝结水母管压力小于 2.0 MPa，备用凝结水泵应自启动，否则，立即手动启动。

(4) 凝结水泵密封水压力应维持在 0.3～0.4 MPa 之间。

(5) 凝结水泵推力轴承温度、电动机推力轴承温度达到 75 ℃时报警，80 ℃时凝结水泵保护动作使凝结水泵跳闸。电动机线圈温度达到 130 ℃时报警，140 ℃时凝结水泵保护动作使凝结水泵跳闸。电动机轴承温度达到 70 ℃时报警，80 ℃时凝结水泵保护动作使凝结水泵跳闸，备用泵自启动。若温度超限，运行泵未跳闸，立即手动启动备用凝结水泵，停用原运行泵。

(6) 凝汽器水位自动控制正常，水位在 850～950 mm 之间。若水位变化不正常，应及时分析、处理。水位低于 400 mm 时，凝结水泵应跳闸，否则立即手动停用，水位达 1 300 mm 时，补水阀门强行关闭。

(7) 凝结水泵进口滤网压差正常小于 10 kPa，若压差大则报警，立即启动备用凝结水泵，停用、隔离原运行凝结水泵。联系检修人员清洗滤网，清洗完毕，将该泵连锁保护投备用。机组正常运行时，泵入口滤网排汽放水阀禁止开启。

(8) 在水泵出口阀门关闭的工况下，运转时间不得超过 2 min。

(四) 凝结水泵的停运

(1) 若备用泵切换，应先启动备用凝结水泵正常后，凝水压力达 3 MPa 以上，方可停用原运行泵，注意凝结水压力正常。

(2) 若须停用凝结水系统，应在主机排汽室温度低于 65 ℃且无凝结水系统用户后，方可停用凝结水泵。

(3) 机组正常运行时，隔离凝结水泵，应将其进、出口门、空气门、密封水供水门关闭。

(4) 系统不需要凝补水，可停用凝结水输送泵，关闭除盐水补水旁路门。

五、给水系统的运行

(一) 电动给水泵

1. 电动给水泵启动前的准备工作

(1) 电动给水泵液力耦合器油位正常。

(2) 电动给水泵勺管在零位，投用一组润滑油滤网，另一组备用。冷油器一组运行，另一组备用。

(3) 除氧器水位正常，水位保持在 2 450～2 650 mm 范围内。

(4) 给水系统各阀门处于正常位置。

(5) 闭式冷却水系统及凝结水系统运行正常。

2. 电动给水泵注水前的准备工作

(1) 启动电动给水泵辅助油泵，润滑油压力在 0.15～0.25 MPa 范围内，各轴承油压正常，润滑油滤网压差正常。

(2) 打开电动给水泵再循环调节门前、后隔绝门。

(3) 关闭电动给水泵出口门及所有放水门。

(4) 电动给水泵密封水回水门开启，密封水回水箱至凝汽器手动门关闭，密封水回水水封注水门开启，运行电动给水泵及前置泵密封水、冷却水系统。前置泵、给水泵机械密封水及冷却水压力正常，工作油冷却器冷却水进、出口手动门开启，将其调节门控制方式切至自动控制方式。电动机冷却器冷却水进、出口手动门开启。开启润滑油冷却器冷却水出口门，冷油器冷却水侧注水完成。

3. 电动给水泵及给水系统的注水与放空气操作

(1) 开启电动给水泵及给水系统管路的放空气门，开启电动给水泵出水门，稍开前置泵入口电动门，排除电动给水泵体及管路(包括高压加热器旁路管道)内空气后，关闭所有放空气门。注意在注水放空气期间，除氧器水位保持在正常范围。

(2) 全开前置泵进水门。

(3) 除氧器水位正常，关电动给水泵出口门，准备启动电动给水泵。

4. 电动给水泵的启动操作

(1) 工作油及润滑油温在 35～45 ℃范围内。

(2) 电动给水泵满足启动许可条件。

(3) 启动电动给水泵，记录电动给水泵电流返回时间，待转速稳定后，电动给水泵电流正常。

(4) 提高电动给水泵转速，当锅炉具备进水条件且给水母管充压后缓慢打开电动给水泵出口门，开始向锅炉进水，根据需要控制给水流量。给水再循环调节门控制方式切至自动控制方式，设定跟踪流量为 300 t/h。

(5) 润滑油压大于 0.22 MPa 时，辅助油泵应自动停止运行，否则，手动停止电动给水泵辅助油泵，润滑油压在 0.15～0.25 MPa 范围内。

(6) 根据需要，开启电动给水泵中间抽头门。

5. 电动给水泵运行中的监视

(1) 电动给水泵及耦合器振动速度不超过 5.6 mm/s，电动机及前置泵各轴承振动位移不超过 0.07 mm。主泵轴承振动位移不超过 0.03 mm，前置泵轴承温度正常小于 80 ℃，当轴承温度大于等于 90 ℃时，应停止电动给水泵运行。

(2) 控制润滑油出口油温在 40～45 ℃之间，最低不小于 35 ℃，最高不大于 55 ℃。

(3) 润滑油冷却器进口油温在 45～65 ℃之间，高于 65 ℃报警。

(4) 润滑油滤网前后压差应小于 0.06 MPa，若大于 0.06 MPa 应切换备用滤网运行，联系检修人电，清洗原运行滤网。

(5) 工作油冷却器入口油温在 60～110 ℃之间，高于 110 ℃报警，达到 130 ℃电动给水泵保护动作跳闸。

(6) 电动给水泵液耦轴承温度小于 90 ℃，当轴承温度大于等于 95 ℃时，电动给水泵保护动作跳闸。

(7) 电动给水泵支持轴承温度小于 75 ℃，当轴承温度大于等于 90 ℃或推力轴承温度大于等于 90 ℃时，电动给水泵保护动作跳闸。

(8) 电动给水泵电机绕组温度大于 120 ℃时报警，当绕组温度大于 130 ℃时，停电动给水泵运行。

(9) 给水泵中间抽头压力正常，给水泵额定工况下运行，其中间抽头压力大约在 8.8 MPa。

(10) 前置泵、给水泵入口滤网前后压差应小于 0.06 MPa。

(11) 给水泵在允许运行范围内，进出口压力、流量正常，电动机电流不超限。

(12) 机械密封冷却器回水温度小于 80 ℃。

(13) 润滑油压在 0.15～0.25 MPa 范围内。

(14) 除氧器水位、压力、温度正常，给水泵无汽化、无冲击现象。

(15) 泵组冷却水系统、机械密封系统（正常控制供回水温差小于 25 ℃，最高不大于 45 ℃）、密封冷却水系统、油系统及给水管道无泄漏。

6. 电动给水泵的停运操作

(1) 当机组负荷升至 300 MW 以上，由两台汽动给水泵带负荷运行时，缓慢降低电动给水泵流量，逐渐提高汽动给水泵流量，注意保持给水流量、压力稳定，一切正常后停用电动给水泵。

(2) 当机组停止运行后锅炉无须上水时，可停用电动给水泵。

(3) 当电动给水泵流量小于 210 t/h 时，开启电动给水泵再循环调节门。

(4) 勺管开度减到零时，关闭电动给水泵出口门，停电动给水泵，电流到零，记录电动给水泵转子的惰走时间。

(5) 在降速过程中，当润滑油压小于 0.15 MPa 时，辅助油泵自启动。

(6) 当润滑油温小于 35 ℃时，关闭冷却器进口水门备用。

(7) 电动给水泵停用后，电动机出口风温小于 40 ℃，关闭电动机空气冷却器进水门备用。

(8) 若电动给水泵作热备用，则保持润滑油系统、密封冷却水系统正常运行，保持出口门开启，勺管开度小于 5%。

（二）汽动给水泵

1. 汽动给水泵启动前的准备工作

(1) 除氧器水位在 2 450～2 650 mm 范围内。

(2) 小汽轮机油箱油位在(0±150) mm 范围内。

(3) 小汽轮机润滑油冷却器一组运行，另一组备用。

(4) 小汽轮机润滑油滤网一组运行，另一组备用。

(5) 开启高、低压蓄能器供油门，关闭放油门。

(6) 开启来自主机 EH 油供油母管手动门。

(7) 开启去主机 EH 油回油母管手动门。

(8) 汽动给水泵系统阀门处于正常位置。

(9) 循环水系统、闭式冷却水系统、凝结水系统运行正常。

2. 汽动给水泵注水前的准备工作

(1) 打开待运行滤网的出、入口门，关闭备用滤网的入口门。导通汽动给水泵前置泵的机械密封水、冷却水及轴承冷却水。

(2) 开启汽动给水泵密封水回水手动门，关闭密封水回水箱至凝汽器手动门，开启密封水回水水封注水门，导通汽动给水泵密封水，压力正常。

(3) 冷却水系统压力正常、无泄漏，开启润滑油冷却器冷却水进、出口门，作为备用。将油温调节门控制方式切至自动控制方式。

(4) 开户汽动给水泵再循环调节门及前、后截止门。

(5) 关闭汽动给水泵出水门及汽动给水泵系统所有放水门。

(6) 汽动给水泵小汽轮机润滑油箱油位正常。当润滑油温小于 35 ℃时，电加热器自动投入运行；当油温大于 40 ℃时，电加热器自动停止运行。当油温大于 21 ℃时，启动小汽轮机润滑油箱排烟风机。

(7) 开启小汽轮机直流油泵的进、出口门，启动小汽轮机润滑油直流油泵，运行 10 min 以上，停运直流油泵。

(8) 开启两台小汽轮机交流油泵进、出口门，启动一台交流油泵运行，将另外一台交流油泵及直流油泵投备用。

(9) 调节润滑油滤网后溢流阀，使润滑油压在 0.098 1～0.147 MPa 之间。小汽轮机调节油压在 14 MPa 左右。

3. 汽动给水泵的注水操作

(1) 开启汽动给水泵系统管路及泵体放空气门，稍开前置泵进水门，给水泵注水，排除管路内空气，直到有水流出，关闭所有放空气门。除氧器给水箱水位保持在正常水位。

(2) 全开前置泵进水门，泵体内无空气，给水管路无泄漏。

4. 小汽轮机轴封供汽系统的运行

(1) 开启小汽轮机本体疏水门，维持主机轴封供汽联箱温度在 121～177 ℃之间，稍开小汽轮机轴封汽进汽阀。

(2) 缓慢开启小汽轮机排汽蝶阀，小汽轮机真空逐渐达到正常值且主机真空不下降。

5. 小汽轮机的暖管操作

(1) 小汽轮机处于停机状态，高、低压主蒸汽门处于关闭状态。

(2) 开启小汽轮机高、低压进汽电动门前、后疏水门及自动主蒸汽门前疏水门及手动门。

(3) 辅汽或四抽蒸汽用于小汽轮机低压供汽、机组再热器进口至小汽轮机高压供汽压力在 0.5～0.85 MPa 之间，供汽温度高于小汽轮机缸温后，缓慢打开小汽轮机辅汽或四抽供汽电动门、再热器进口供汽电动门，对供汽系统进行预暖。

(4) 待供汽系统预暖 10～15 min 后，开足小汽轮机辅汽、冷段、四抽供汽电动门。

6. 启动汽动给水泵前置泵的操作

(1) 尽早启动前置泵，以利于汽动给水泵预暖。

(2) 前置泵密封冷却水正常，前置泵启动条件满足。

(3) 启动前置泵，电流、声音、温度、振动、出口压力及进口滤网压差等正常。

7. 小汽轮机启动状态的划分

(1) 停机 12 h 以上为冷态启动。

(2) 停机 0.5～12 h 为温态启动。

(3) 停机 30 min 内为热态启动。

(4) 小汽轮机盘车投入运行。

8. 小汽轮机的冲转条件

(1) 前置泵运行正常，给水泵入口压力正常不小于 1.4 MPa，主泵出口门关闭，再循环门开启。

(2) 小汽轮机轴封工作正常，轴封蒸汽温度在 121～177 ℃范围，压力控制在 0.017～0.038 MPa(表压)范围。

(3) 真空正常，即排汽压力小于 6.28 kPa。

(4) 冲转蒸汽压力为 0.5～0.85 MPa。

(5) 冲转蒸汽的过热度大于 50 ℃。

(6) 冲转蒸汽温度大于汽动给水泵汽轮机汽缸金属温度 50 ℃以上。

(7) 小汽轮机轴向位移小于±1.2 mm。

(8) 小汽轮机偏心小于 0.08 mm。

(9) 小汽轮机 EH 油运行正常，压力为 12～14 MPa。

(10) 润滑油温度为 35～45 ℃，润滑油压为 0.098 1～0.147 MPa，主油泵出口油压为 0.65～0.7 MPa，调节油压 14 MPa 左右，保安油压为 0.5～0.6 MPa。

(11) 主给水泵上、下筒体温差小于 15 ℃。

9. 小汽轮机的冲转操作

(1) 汽动给水泵组启动条件满足。

(2) 小汽轮机由 MEH 操作面板选择“OA”冲转方式，小汽轮机处于挂闸状态，设定目标转速为 600 r/min，冷态升速率为 50 r/min(热态升速率为 100 r/min)，小汽轮机升速过程中，应严密监视转速、润滑油温度、振动位移、轴向位移、瓦温及给水泵筒体上、下温差等运行参数的变化。

(3) 汽动给水泵组轴承、轴封处的声音正常，调节门动作正常。

(4) 小汽轮机转速达到 600 r/min 时，停留暖机 20 min 以上。

(5) 小汽轮机低速暖机结束后，设定目标转速为 1 800 r/min、升速率为 100～150 r/min，小汽轮机升速。如振动位移升高，接近最大允许值，允许降低转速再暖机一次。

(6) 小汽轮机转速达 1 800 r/min 时，稳定运行 25 min 进行高速暖机。

(7) 小汽轮机高速暖机结束后，设定目标转速为 3 100 r/min、升速率为 250～300 r/min，小汽轮机继续升速。

10. 汽动给水泵并泵与带负荷操作

(1) 当汽动给水泵转速升至 3 000 r/min 以上时，将小汽轮机 MEH 切至“遥控”控制方式，若机组处于干态运行模式，无强制手动信号，将汽动给水泵给水控制切至自动控制方式。

(2) 逐渐提升汽动给水泵转速准备将其并入给水系统，当出口压力低于母管压力 1～2 MPa 时，根据需要打开给水泵出口水门，再逐渐提升汽动给水泵转速，注意给水流量变化情况。

(3) 汽动给水泵并入过程中，应注意给水泵再循环调节门动作是否正常，维持锅炉给水流量稳定。

(4) 给水泵运行正常后，打开给水泵中间抽头门。

(5) 当给水泵转速大于 3 000 r/min 时，关闭小汽轮机进汽管疏水门和本体疏水门组。

11. 汽动给水泵启动过程中的注意事项

(1) 在汽动给水泵启动过程中，转速上升平稳，不应产生过大的波动。如振动偏大，应在低速下暖机，使振动恢复正常后再升速。

(2) 通过小汽轮机临界转速 1 850～2 150 r/min 区域时，应严密监视小汽轮机轴承振动位移最大不超过 0.01 mm，过临界转速时，小汽轮机轴承振动位移不得超过 0.125 mm，给水泵轴瓦振动位移不超过 0.03 mm。

(3) 汽动给水泵各轴承金属温度和回油温度正常，汽动给水泵密封水供回水温差不大于 45 ℃。

(4) 小汽轮机转速大于 3 000 r/min 时，小汽轮机相应的蒸汽疏水门自动关闭。

(5) 当汽动给水泵入口流量大于 585 t/h 时，给水泵再循环调节门自动关闭，当汽动给水泵入口流量小于 350 t/h 时，给水泵再循环调节门自动开启。

12. 正常运行时的维护

(1) 汽动给水泵组稳定运行，声音正常，小汽轮机及给水泵轴承振动位移最大不超过 0.076 mm，给水泵轴承振动位移不超过 0.03 mm。

(2) 汽动给水泵润滑油系统运行正常，各轴承油流正常，润滑油箱油位在(0±150) mm 左右，油位极限值为(0±190) mm(油箱顶部浮子油位计距顶盖 330 mm 为零位，磁翻板液位计指示 1 200 mm 位置为零位)，润滑油温度在(45±5) ℃之间，润滑油压力在 0.098～0.147 MPa 之间，调节油压力在 14 MPa 左右。小汽轮机轴承温度达到 90 ℃时报警，达到 105 ℃时必须停泵，泵轴承温度达到 75 ℃时报警，达到 95 ℃时必须停泵。

(3) 汽动给水泵润滑油冷油器在冷却水量没有变化的情况下，如冷油器出口油温大于 48 ℃，投入备用冷油器。

(4) 汽动给水泵组各运行参数，如蒸汽温度、蒸汽压力、振动位移、转速、轴向位移、轴承温度、轴承润滑油压、油温、油流、排汽温度、汽缸金属温度以及前置泵密封水温度、给水泵密封水温度(正常控制供回水温差小于 25 ℃，最高不大于 45 ℃)、给水泵进出口压力及流量等均在运行限额内。

(5) 除氧器水位正常，给水泵无汽化、无冲击现象。

(6) 润滑、调节油滤网压差正常，若润滑油滤网压差大于 0.035 MPa，保安油滤网压差大于 0.035 MPa 时，切换备用组滤网运行，联系检修人员清洗原运行滤网，检修结束后充油排汽备用。

(7) 小汽轮机调节门无晃动，调节门开度正常，开关方向有调节余地。

13. 汽动给水泵盘车装置的使用规定

(1) 小汽轮机每次停运后立即破坏真空，停运轴封，不投盘车。

(2) 小汽轮机盘车只作为汽动给水泵组冷、热态冲转时使用，盘车运行前，必须满足下列条件：

① 保证汽动给水泵前置泵运行正常且处于连续运行状态，运行时间达 1 h 以上，汽动给水泵筒体上、下温差不大于 20 ℃，汽动给水泵组油系统运行正常且处于连续运行状态，各轴承供油压力维持 0.1～0.15 MPa 之间，油温不小于 30 ℃，油质合格，开启盘车供油手动门。

② 禁止在前置泵停运情况下进行汽动给水泵组盘车。盘车过程中若出现前置泵跳闸，必须立即停止盘车运行。

③ 汽动给水泵组及其低压给水系统检修后，禁止投运汽动给水泵组盘车，在给水品质合格的情况下，方可允许投运汽动给水泵组盘车。

(3) 在上述条件满足的情况下，小汽轮机每次启动抽真空和运行轴封系统时，可将小汽轮机盘车连续运行，对汽动给水泵组进行全面细致的听音检查，并尽量控制小汽轮机连续盘车至小汽轮机冲转的时间间隔在 1 h 以内。

(4) 小汽轮机采用带盘车冲转，转速大于 40 r/min 时，立即停止盘车运行，盘车啮合齿轮自动退出。停止小汽轮机盘车电源。

14. 汽动给水泵并联运行的注意事项

(1) 一台汽动给水泵和一台电动给水泵并联运行，尽量保持电动给水泵流量稳定，保持汽动给水泵流量处于 500～900 t/h 范围，进行自动调节。机组负荷及工况变化时，注意汽动、电动给水泵流量变化，及时缓慢地调节电动给水泵出力，防止汽动给水泵因流量低引起再循环门开启，导致给水流量失衡。

(2) 机组负荷及工况变化时，注意给水泵组振动位移、支持瓦温度、推力瓦温度等参数变化，若发现异常，立即稳定工况，对照各运行参数进行就地核查，必要时进行降负荷处理，调整时必须注意两台给水泵的流量匹配。

(3) 当给水泵出口流量下降时，注意再循环门自动开启情况，同时，要注意给水泵出口总给水流量的变化。

(4) 若出现电动给水泵运行中跳闸，则将触发快速减负荷(RB)保护动作，注意煤水比、螺旋管水冷壁出口温度、中间点过热度、主再热蒸汽温度的变化，并按汽动给水泵跳闸时 RB 工况进行处理。

(5) 若出现汽动给水泵运行中跳闸，应立即减负荷至 180 MW 以下，机组运行方式由自动切至“TF”及“滑压”控制方式，锅炉侧立即点燃CD层四只油枪助燃，维持C、D磨煤机运行，注意煤水比、螺旋管水冷壁出口温度、中间点过热度、主再热蒸汽温度的变化，及时调整。并注意电动给水泵再循环门的关闭情况以及给水泵组振动位移、电流及轴瓦温度等参数的变化，任一参数上升较快或达到报警值时，立即降低电动给水泵出力，并快速降低机组负荷。

(6) 两台汽动给水泵并联运行，当工况变化使总给水流量低于900 t/h以下时，应注意汽动给水泵高压汽门的开度，注意两台汽动给水泵再循环门的开启情况，防止出现再循环门摆动或再循环门瞬间开启，引起给水流量摆动或突降。当发生上述情况时，应立即将再循环门切至为手动控制方式，视给水流量的变化情况逐次开大再循环门直至全开。

15. 汽动给水泵的停运

(1) 汽动给水泵停运前的准备工作

① 机组正常停用，负荷减至35%BMCR时，先停用一台汽动给水泵。负荷减至30%BMCR时，启动电动给水泵，当给水全部移到电动给水泵运行后，停用另外一台汽动给水泵。

② 运行的汽动给水泵或电动给水泵中间抽头门开足，关闭准备停用的给水泵中间抽头门。

(2) 汽动给水泵的停用操作

① 将准备停用的汽动给水泵给水“自动”切至小汽轮机“手动”控制。

② 逐渐降低准备停用汽动给水泵的转速，注意给水压力、流量变化，将给水转移到其他运行的给水泵中。

③ 当汽动给水泵给水流量低至汽动给水泵最小给水流量400 t/h时，汽动给水泵再循环调节门自动开启并逐渐全开。

④ 当汽动给水泵再循环调节门全开后，继续降低汽动给水泵转速至3 000 r/min以下，关闭汽动给水泵出水门，注意保持锅炉给水流量稳定。

⑤ 手动遮断汽动给水泵，自动主蒸汽阀及调节门、四抽进汽和冷段进汽电动门均关闭，转速下降，汽动给水泵前置泵联动停止。

⑥ 停机后，应调整冷油器出口油温，使轴承进口油温为35 ℃左右。

⑦ 当给水泵泵壳温度小于80 ℃时，可停用汽动给水泵密封冷却水。

⑧ 根据情况完成其他停用和隔绝工作。

六、润滑油系统的运行

(一) 润滑油系统运行前的准备

(1) 关闭所有放油门，打开主机润滑油箱排烟机的入口门。

(2) 润滑油净油系统具备运行条件。主油箱加油至油位1 750 mm左右。

(3) 运行开式冷却水系统。

(4) 冷油器一侧运行，另一侧备用。

(5) 打开顶轴油泵入、出口门。

(6) 开启各轴承顶轴油供油手动门。

(7) 润滑油、密封油系统阀门处于启动前状态。

(二) 润滑油系统的运作操作

(1) 当油箱油温小于10 ℃时,禁止启动油泵。当油箱油温小于21 ℃时,禁止启动盘车。运行电加热器,当油箱温度大于40 ℃时,停运电加热器。

(2) 开启主油箱排烟风机入口挡板,启动一台主油箱排烟风机,维持主油箱内负压在−500～−250 Pa以上,排烟风机运行正常,将另一台排烟风机连锁保护开关投备用。

(3) 油系统准备好,交、直流润滑油泵具备启动条件,启动交流润滑油泵,泵出口油压为0.33 MPa,润滑油母管压力在0.096～0.124 MPa之间。

(4) 向高、低压润滑油系统充油,保持油箱油位为+100 mm,轴承回油温度正常。

(5) 启动高压备用密封油泵,油泵出口压力、电流均正常,泵出口油压在0.83～0.9 MPa之间。

(6) 投入直流润滑油泵自动连锁保护开关。

(7) 机组定速后润滑油压力维持在0.096～0.124 MPa范围,密切监视主油箱油位,根据油温情况,将润滑油冷却器冷却水控制方式切至自动控制方式,维持润滑油温在38～45 ℃之间。

(8) 机组定速后,主油泵工作正常,停交流润滑油泵、高压交流备用密封油泵,并投入其连锁保护开关。

(三) 顶轴油泵的启动

(1) 交流润滑油泵已运行,顶轴油泵入口压力大于0.25 MPa。

(2) 顶轴油系统阀门已处于开启位置。

(3) 启动一台顶轴油泵运行,出口压力正常后,启动另外一台顶轴油泵,投入备用泵连锁保护开关。正常情况下,维持A泵和C泵运行,B泵处于备用。

(4) 顶轴油母管油压在14～15 MPa范围内,各轴承顶轴油压在8.0～12 MPa范围内,轴颈被顶起高度在0.050～0.076 mm之间。

(5) 在机组启、停机过程中,机组转速达1 000 r/min时,顶轴油泵自停、自启或手动停止、启动。

(四) 润滑油系统的运行监视

(1) 机组正常运行时,一台排烟风机运行,保证润滑油箱微负压在−500～−250 Pa之间。

(2) 机组正常运行时,交、直流润滑油泵,高压备用辅助油泵,顶轴油泵,盘车装置应投入其连锁保护开关。

(3) 主机润滑油压维持在0.096～0.124 MPa范围,各轴承处油压大于0.083 MPa,冷油器的冷却水工作正常,出口油温保持在38～45 ℃之间。

(4) 交流润滑油泵、高压备用油泵、顶轴油泵、盘车装置运行时,顶轴油母管压力大于14 MPa,顶轴油泵出口压力大于14 MPa。高压备用辅助油泵出口压力在0.83～0.9 MPa

之间。各油泵正常运行时，振动位移应小于 50 μm；异常时，振动位移应不大于 75 μm 。

(5) 机组正常运行时，应保持保安油压在 0.5～0.8 MPa 之间。

(6) 润滑油箱油位小于 1 200 mm 时应手动停机。

(五) 顶轴油泵的停运

(1) 盘车装置已经停止运行，解除顶轴油泵连锁，停运顶轴油泵。

(2) 在启机过程中，机组转速超过 20 r/min 时，盘车装置啮合齿轮应自动脱扣。机组转速超过 1 000 r/min 时，顶轴油泵联停。

(六) 交流润滑油泵和高压备用辅助油泵的停运

(1) 主机盘车装置、顶轴油泵及发电机密封油系统均已停运。高压缸调节级金属温度低于 150 ℃，并且各轴承金属温度均在正常范围内，方可停止交流润滑油泵和高压备用密封油泵运行。

(2) 将直流润滑油泵连锁解除。

(3) 停止交流润滑油泵和高压备用辅助油泵。

(4) 解除备用排烟风机连锁，停止排烟风机运行。

七、密封油系统的运行

(一) 密封油系统启动前的准备

(1) 运行闭式冷却水系统。

(2) 运行润滑油系统，空氢侧密封油箱、发电机两侧消泡箱油位正常。

(3) 打开空、氢侧密封油泵入口门。

(4) 适当开启氢侧密封油泵出口再循环门。

(5) 打开待投运的空、氢侧密封油冷却器油侧入、出口门，关闭备用冷却器油侧出口门，打开入口门。关闭水侧入口门，打开出口门。

(6) 投运空、氢侧密封油系统，开启滤网入、出口门，开启备用滤网出口门，关闭进口门。

(二) 密封油系统的运行规定

(1) 密封油系统应在发电机气体置换前投入运行。

(2) 在发电机充有氢气或汽轮机盘车时，必须保持密封油压。

(3) 发电机内充有氢气时，空侧氢油分离箱的排烟机应连续运行。

(4) 密封油系统运行前，应先运行主机润滑油系统。

(5) 在润滑油主油箱排油前，必须先将发电机内氢气置换完毕。

(6) 停机期间或正常运行中，若氢侧油泵故障须处理时，则允许氢侧油泵暂时退出运行，但应密切注意氢气纯度变化不小于 90%，故障消除后立即投运。

(7) 发电机氢压小于 0.1 MPa 时，应注意氢侧密封油回油箱及消泡箱油位，防止密封油进入发电机内。

(三) 密封油系统的运行操作

(1) 启动一台排油烟机，运行正常后，将另一台排油烟机投备用，开启空气侧排烟机排污门。

(2) 空气侧密封油泵启动条件满足,启动空侧密封油泵。

(3) 发电机密封瓦空侧油压正常,氢侧回油箱补油至正常,将空侧直流密封油泵投备用。

(4) 开启主压差阀的氢、油侧压力信号手动门,开启氢油主压差阀,监视其调节是否正常,压差指示在84 kPa。

(5) 启动氢侧交流密封油泵,用泵出口再循环门保持空侧、氢侧密封油压差不大于0～0.49 kPa,将另一台氢侧交流油泵投备用。

(6) 开启密封油两侧平衡阀的空侧、氢侧密封油油压信号阀,开启平衡阀,注意监视其调节是否正常。

(7) 启动过程中,当密封油温升至43 ℃时,将空、氢侧密封油冷油器冷却水门控制方式切至自动控制方式,保持油温在40～49 ℃之间。

(四) 密封油系统的运行维护

(1) 机组正常运行保持氢压在0.38～0.4 MPa之间,纯度大于97%。

(2) 保持氢油压差在(0.084±0.01) MPa之间。

(3) 空侧、氢侧密封油供油压差在±0.49 kPa之间。

(4) 密封油冷却器出口油温应保持在40～49 ℃之间。

(5) 空侧密封油回油温度不大于55.6 ℃。

(6) 氢侧密封油回油温度不大于65.5 ℃。

(7) 油泵及电机的轴承油位、温度等正常。

(8) 氢侧油箱油位正常。

(9) 空侧回油箱真空表数值保持在－500～－250 Pa之间。

(10) 汽轮机高压备用油供油压力在0.83～0.9 MPa之间。

(11) 排油烟机运行良好。

(五) 密封油系统的停止

(1) 停机后,发电机内氢气已置换完,其他气体已排净,且盘车停止方可停止密封油系统的运行。

(2) 关闭密封油备用油源压差调节门前后手动门,旁路门处于关闭状态。

(3) 解除氢侧密封油备用泵联动,停止氢侧密封油泵运行,关闭密封油泵入口门、再循环门。

(4) 解除空侧密封油备用泵联动,停止空侧密封油泵运行,关闭密封油泵入口门。

(5) 密封油系统停运20 min后,可停止排油烟机运行。

(六) 空侧和氢侧密封油的油源

1. 空侧密封油的油源

(1) 主工作油源:空侧密封油正常工作油源由交流密封油泵提供,主压差阀保证油氢压差为0.084 MPa。

(2) 第一备用油源：是由汽轮机主油泵提供的2.1 MPa高压油，当主工作油源发生故障、油氢压差降到0.056 MPa时，该油源由备用压差调节器自动调节，维持油氢压差为0.056 MPa。

(3) 第二备用油源：由汽轮机主油箱上的备用交流密封油泵提供，当汽轮机转速小于2 850 r/min或发生故障且油氢压差降到0.056 MPa时，则由备用交流密封油泵提供密封油。该油源由备用压差调节器自动调节，维持油氢压差为0.056 MPa。

(4) 第三备用油源：由直流密封油泵提供，当油氢压差降到0.035 MPa时，启动直流密封油泵，使密封油压恢复并保证油氢压差至0.084 MPa。该油泵只允许运行1 h左右，如前两级油源短时间内不能恢复运行，应将氢气压力降到0.014 MPa，以免直流油泵停运后引起漏氢。

(5) 第四备用油源：由主机润滑油系统提供，提供的油压较低，要求该油源在密封油装置入口油压不小于0.2 MPa。该油源投入运行后，维持发电机内氢压为0.014 MPa。

2. 氢侧密封油的油源

氢侧密封油正常工作油源由氢侧交流密封油泵供给，在交流密封油泵故障或交流密封油泵出入口压差降到0.035 MPa时，氢侧备用交流密封油泵自动联动提供氢侧密封用油。

八、发电机定子冷却水系统的运行

(一) 定子冷却水系统启动前检查

(1) 定子冷却水系统冲洗结束，检修工作票全部终结。

(2) 定子冷却水系统正常。

(二) 定子冷却水泵的启动

(1) 凝输水水质合格，开启定子冷却水箱补水总门，由凝输泵向定子冷却水箱补水。

(2) 补水电磁阀控制方式切至自动控制方式。

(3) 当定子冷却水箱水位正常后，补水电磁阀自动关闭。

(4) 定子冷却水冷却器一组运行，一组备用。备用冷却器定子冷却水侧进水门开启，出水门关闭。

(5) 定子冷却水滤网空气放尽后，一组运行，一组备用，开启备用侧出水门和进水门。

(6) 解除定子冷却水泵连锁，启动一台定子冷却水泵，出水压力、电流正常，调节定子冷却水泵出口再循环门，保持定子冷却水流量在105 t/h左右，定子冷却水泵运行1 h后，定子回水集管空气放完后关闭定子回水集管放空气阀。

(7) 投入定子冷却水泵连锁保护开关。

(8) 将定子冷却水温度调节门控制方式切至自动控制方式，注意定子进水温度在45～50 ℃之间，要求水温高于氢温2～3 ℃。

(三) 定子冷却水系统的停运

(1) 定子冷却水冷却器调节门切至“手动”且关闭，并关闭定子冷却水冷却器闭式冷却水进、出水门及温度调节门后隔离门。

(2) 解除定子冷却水泵连锁，停定子冷却水泵。

(3) 若定子冷却水系统检修、发电机大修须停用定子冷却水系统，及停机期间，外界环境温度接近冰点，或发电机按规定做绝缘试验时，应排尽系统内的积水。

(四) 定子冷却水系统的运行维护

(1) 定子冷却水泵组振动位移不大于 0.005 mm，声音正常，轴承温度不大于 65 ℃。

(2) 发电机正常运行中，定子冷却水量不小于 116 m^3/h，且应保持定子冷却水压比氢压至少低 0.035 MPa 以上。发电机氢气无压力时，定子冷却水压力应小于 0.2 MPa。

(3) 监视定子冷却水箱水位是否在距液位计顶部 450～550 mm 之间，并注意水箱内气体压力是否在 0.014 MPa。

(4) 若密封油系统故障，降低氢压运行时，必须保持定子冷却水流量不得低于 92.8 m^3/h。

(5) 经过离子交换器的定子冷却水流量最大可达 5 m^3/h，正常运行时约为 1 m^3/h。

(6) 发电机定子线圈反冲洗操作只能在机组停用后进行，机组启动前，必须将定子冷却水系统调至正向流通。

(五) 离子交换器的运行调整

(1) 当定子冷却水泵启动后，应通过调整离子交换器入口流量计的入口门开度，来调整离子交换器的处理水流量，一般为总流量的 3%～5%范围之内。

(2) 定子冷却水电导率的正常范围为小于 1.5 mS/cm，当达到 5.0 mS/cm 时发“电导率高”报警，此时可加大通过离子交换器的水量。当达到 9.5 mS/cm 时发“电导率非常高”报警，除了增大离子交换器流量外，还应采用连续补水和排污的方法，尽快降低定子冷却水电导率，使之符合运行要求。

(3) 离子交换器出口电导率应不大于 0.5 mS/cm，当电导率大于 1.5 mS/cm 时报警，应及时联系化学检测人员置换离子交换器中的树脂。

(4) 离子交换器的入口水温应小于 50 ℃，以免树脂失效。

(5) 定子冷却水冷却器一台运行，一台备用，冷却水流量、定子冷却水温度应进行自动调节，定子冷却水温度控制比冷氢温度高 2～3 ℃。

九、EH 油系统的运行

(一) 运行前的准备

(1) 系统检修工作全部结束，所有工作票终结并收回。

(2) 运行闭式冷却水系统及压缩空气系统。

(3) 开启 EH 油泵出口门。

(4) 打开所有 EH 蓄能器的手动隔离门，关闭隔离门后放油门。

(5) 将 EH 油冷却器水侧注满水并放尽空气准备好。

(6) EH 油箱注油至 600 mm，油质合格。

(二) EH 油再循环泵的启动

(1) EH 油箱油位不小于 500 mm。

(2) EH 油再循环泵启动许可条件满足。

(3) 启动 EH 油再循环泵，油压正常，系统无泄漏。

(三) EH 油泵的启动

(1) EH 油泵启动条件满足。

(2) EH 油系统阀门已处于启动位置。

(3) 启动一台 EH 油泵，其振动位移、出口压力正常，系统无泄漏后，将另一台 EH 油泵投备用。系统回油正常。

(4) 根据需要，投运 EH 油再生系统。

(5) 任何情况下，不允许泵在油温小于 10 ℃情况下运行，尽量不要在油温小于 21 ℃情况下长期运行，当油温小于 21 ℃时，应运行油箱电加热器。

(四) EH 油系统的运行监视

(1) 机组正常运行时，EH 油箱油位在 550～650 mm 之间，油位高报警值为 915 mm，油位低报警值为 430 mm，油位低低报警值为 300 mm，油位低低低跳泵值为 200 mm，备用泵禁止启动。

(2) 正常工作情况与停泵时的油箱油位相差不小于 60 mm，正常无漏油情况下一个月内，油位下降不大于 20 mm。

(3) EH 油母管压力在(14±0.5) MPa 范围内，但溢流压力大于 16.5 MPa，或小于 11.03 MPa 时备用 EH 油系统联启。

(4) EH 油箱正常温度为 35～45 ℃，油箱温度大于 55 ℃时报警。应检查电加热是否停止，冷却水工作是否正常。

(5) EH 油泵组正常运行时振动位移应小于 50 μm；异常时，振动位移应不大于 75 μm 。

(6) EH 油系统过滤器前后压差应小于 0.6 MPa，高于此压差发出报警，应及时更换滤芯。

(7) 为保证 EH 油油质良好，EH 油再生系统应根据化学取样情况投入连续运行。

(8) 充氮压力高压 8.96 MPa，低压 0.21 MPa 正常，若高压储能器氮气压力降至 8.27 MPa，低压储能器氮气压力降至 0.16 MPa 时应重新充气。

(9) 油泵及电机轴承温度、电机温度正常；油泵及系统管路无振动、无异常声音。

(五) EH 油系统的停止

(1) EH 油系统在机组停运后，接值长停止命令后方可停止运行。

(2) EH 油泵、EH 油再循环泵的停运应先切除冷却器冷却水。油温小于 30 ℃时，应启动油泵进行循环，防止油温下降过多。

(3) 当机组已经停运时，解除 EH 油泵连锁，停运 EH 油泵。

(4) 根据油质情况停止 EH 油再生泵。当停机后 EH 油温低时，油箱中会产生凝结水，停机时间超过一周时，应启动 EH 油再生泵，连续运行 4 h。

十、辅助蒸汽系统的运行

（一）辅助蒸汽系统运行前的准备

（1）辅汽系统的电动门完好，电动门通电。

（2）辅汽系统正常。

（3）开启辅汽系统中所有疏水门及疏水器前、后隔离门。

（4）老厂供汽压力在0.5～0.8 MPa之间，温度在250 ℃以上。

（二）辅汽联箱的运行

（1）全开辅汽母管、辅汽联箱、各用户门前各疏水器前、后隔离门及旁路门，开启#7、#8机辅汽联箱联络门，开启辅汽联箱电动门，关闭各辅汽用户供汽门。

（2）开启老厂辅汽母管来辅汽门，辅汽母管各疏水管有汽冒出，辅汽联箱压力逐渐上升后，逐渐关小各疏水门，辅汽联箱压力控制在0.5～0.8 MPa之间。

（3）根据需要，投用各辅汽用户，注意调整辅汽压力、温度正常。

（三）辅汽联箱汽源切换

（1）再热冷段压力达1.0 MP，辅汽可切至再热器进口供汽。当机组四抽压力大于0.8 MP时，将辅汽切至四抽供给。

（2）再热冷段进汽调节门压力设定值比辅汽母管压力低，调节门在关闭位置。

（3）开启再热冷段进汽调节门后手动门。

（4）稍开再热冷段进汽调节门，稍开辅汽再热器进口进汽电动门使部分蒸汽进入温度较低的辅汽母管内，使温度较低的辅汽母管温度逐渐上升（即进行暖管），暖管10～15 min后逐渐开大再热器进口供辅汽电动门，直至全开，再热器进口供辅汽电动门全开后关闭疏水器旁路门，保持疏水器处于正常工作状态。

（5）辅汽联箱、各用户疏水门在调节位置，辅汽管道、辅汽安全门无泄漏。

（6）根据辅汽压力变化，实时开启再热器进口供辅汽调门，控制辅汽压力稳定在0.5～0.8 MPa之间。

（7）全开四段抽汽至辅汽母管疏水器前、后隔离门及旁路门。

（8）稍开四段抽汽至辅汽母管电动门，进行暖管，暖管10～15 min后逐渐开大四段抽汽至辅汽母管电动门，直至全开，四段抽汽至辅汽母管电动门全开后关闭疏水器旁路门，保持疏水器处于正常工作状态。注意管道无冲击振动。

十一、轴封系统的运行

（一）轴封系统运行前的准备

（1）运行主机盘车装置。

（2）运行压缩空气系统，气动调节门动作灵活、正确。

（3）运行凝结水系统，导通轴封加热器水侧。

(4) 运行循环水系统,关闭小汽轮机轴封进汽隔离门。

(5) 开启凝结水供轴加疏水系统U形管注水门,见连续水流后关闭排空气门。

(6) 开启低压缸轴封进汽分门、回汽门、门杆漏汽门,轴封汽系统各阀门在开启位置。

(二) 轴封系统的运行

(1) 辅汽压力、温度正常,开启汽缸疏水及轴封母管疏水门、轴封供汽支管疏水器前、后隔离门及旁路门。

(2) 开启轴加风机进出口门,启动轴加风机,稍开辅汽到轴封系统总门进行暖管,注意管道有无振动。

(3) 开启辅汽汽源调节门前、后隔离门,稍开轴封供汽调节门。

(4) 当蒸汽温度上升至121~177 ℃,正常,逐渐开大辅汽至轴封系统总门直至全开。

(5) 对轴封压力调节门进行自动调节,压力定值在22~30 kPa之间。

(6) 逐步提高轴封蒸汽压力至30 kPa。当轴封蒸汽温度升至121 ℃以上时,可关闭辅汽至轴封汽母管疏水门及轴封汽调节门后疏水门。

(7) 当轴封蒸汽温度大于177 ℃时,可开启轴封减温水调节门,维持低压轴封温度为150 ℃。投用减温水装置应谨慎操作,严防汽轮机轴封进水。

(三) 轴封系统运行操作注意事项

(1) 轴封蒸汽暖管疏水要充分,疏水器旁路门首先开启,待暖管正常后再关闭。尤其在机组热态时。

(2) 向轴封送汽时,应注意低压缸排汽温度变化和盘车运行状况。

(3) 尽可能缩短送轴封与抽真空及送轴封至机组冲转的间隔时间。

(4) 机组热态启动或停止时,高、中压转子轴封蒸汽温度与转子表面金属温差应小于110 ℃。

(5) 严禁转子在静止状态下向轴封送汽。

(6) 机组热态启动必须先送轴封汽,后抽真空。

(7) 停机后,凝汽器真空表数值下降到零后方可停止向轴封供汽。

(四) 轴封系统的运行监视

(1) 机组负荷在70%~75%额定负荷时,轴封系统达到自密封,由溢流阀控制轴封联箱压力在26~32 kPa之间。

(2) 低压轴封蒸汽温度正常维持在121~177 ℃之间,当#3、#6瓦处轴封蒸汽温度大于140 ℃时,可开启轴封减温水调节门

(3) 注意轴封冷却器真空表数值在508~762 Pa之间,正常为689 Pa,轴加水位正常。

(4) 轴封汽投用后,应注意主机上下缸温差、差胀等重要参数是否正常,各轴封处是否冒汽及机组轴承摩擦声是否正常。

(5) 注意轴封供汽必须具有不小于14 ℃的过热度。

(五) 轴封系统的停止

(1) 在真空泵未停止运行和主凝汽器真空完全消失以前,不得使轴封供汽中断。

(2) 主凝汽器真空表数值至零时,关闭轴封系统各供汽门,同时关闭轴封减温水调节门、前后隔离门及旁路门。退出备用轴加风机“连锁”开关,停止轴加风机运行。

(3) 凝汽器真空表数值至零后,方可停用轴封供汽。

十二、真空系统的运行

(一) 运行前的准备

(1) 检修工作结束,工作票已终结。

(2) 所有连锁保护试验已做且全部合格。

(3) 开、闭式冷却水系统已投运,运行正常。

(4) 凝结水系统已投运,凝汽器水位在850～950 mm之间。

(5) 关闭凝汽器真空破坏门。

(6) 开启凝汽器抽空气手动隔离门。

(7) 开启真空泵空气入口电动隔离门。

(8) 关闭真空泵空气入口气动蝶阀。

(9) 关闭真空泵气水分离罐放水门以及工作水管道、溢流管、冷却器放水门。

(10) 导通真空泵盘根密封冷却水。

(11) 关闭相关热力系统的放地沟门、排汽门。

(二) 真空泵的注水操作

(1) 开启闭式冷却水至气水分离罐补水门,用电磁补水阀旁路门向气水分离罐内注水。

(2) 待气水分离罐补水至正常水位(水位计1/2～2/3位置)后,关闭电磁补水阀旁路门。

(3) 汽水分离罐水位正常后5 min,观察水位已稳定,结束注水。

(4) 开启冷却器冷却水侧出、入口门,导通冷却器冷却水路。

(三) 真空泵的启动操作

(1) 将控制选择开关切至“遥控”位置。

(2) 真空泵启动条件满足,启动一台真空泵。

(3) 真空泵空气入口气动蝶阀后的压力小于8 kPa时,气动蝶阀自动开启。

(4) 真空泵电机电流不大于230 A、轴承温度不大于80 ℃、振动速度不大于4.5 mm/s,气水分离器水位和排汽正常。

(5) 用同样方法启动另外三台真空泵。

(6) 当凝汽器绝对压力达到10 kPa后,根据情况,分别停用一台高低压凝汽器真空泵,作为备用。

(四) 真空泵的运行监视

(1) 泵组在运行中振动速度不大于4.5 mm/s,若振动明显增大或有明显的不正常声音,应立即启动备用真空泵,停用原运行泵。

(2) 真空泵电流不超过 230 A。

(3) 真空泵电动机轴承温度小于 80 ℃,线圈温升小于 80 ℃,真空泵工作液进口温度小于 33 ℃。若温度超过限额,立即手动启动备用真空泵,停用原运行泵。

(4) 真空泵分离器水位正常,若水位低报警,应立即开启电磁阀旁路补至正常水位,否则手动启动备用真空泵,停用原运行泵。

(五) 真空泵的切换及停用

(1) 若备用真空泵切换,应先手动启动备用泵,入口门蝶阀联开,一切正常后,当真空泵入口阀前压力小于 4 kPa,方可停用原运行泵。

(2) 只有在真空严密性试验时机组停机后根据需要破坏真空的情况下,方可停止真空系统运行。

(3) 解除真空泵备用连锁,依次停用真空泵。关闭真空泵入口气动蝶阀。

(4) 当真空泵停用检修时,关严其进口气动蝶阀及电动隔离阀,关闭真空泵分离水箱补水门、冷却水门,根据检修内容,采取隔离措施。

十三、旁路系统的运行

(一) 高压旁路的控制

(1) 下列情况下高压旁路强制关闭:

① 低压旁路快关信号发出,快关高压旁路阀。

② 高压旁路后温度大于 320 ℃时报警,温度大于 350 ℃,延时 20 s,快关高压旁路阀。

③ 高压旁路喷水压力小于 5 MPa 时,快关高压旁路阀。

(2) 下列情况下高压旁路减温水控制:

① 高压旁路减温水调节门处于自动控制状态下,其设定值下限为 200 ℃。调节门根据温度设定值进行自动调整。

② 在汽轮机高压旁路阀开度小于 2%时,联关高压旁路减温水截止阀,高压旁路减温水调节门自动关闭。

(3) 高压旁路控制方式分为启动方式、启动滑压方式和定压方式。

① 锅炉冷态启动时主蒸汽压力小于最低压力设定值,在高压旁路自动调节模式下并进入自动启动控制方式时,高压旁路减压阀自动开启至最小开度 10%,高压旁路减温水截止阀自动开启,高压旁路减温水调节门为手动控制方式。

② 锅炉启动升压时,主蒸汽压力大于最低压力设定值(1 MPa),不大于汽轮机冲转压力设定值(8.4 MPa),高压旁路转为定压方式;控制主蒸汽压力在最低压力设定值(1 MPa),一直到高压旁路输出开度大于最大开度 40%时,高压旁路转为滑压方式,高压旁路将根据机前压力及高压旁路阀开度逐渐提高设定值。

③ 当锅炉主蒸汽压力达到汽轮机冲转压力设定值(8.4 MPa)时,高压旁路转为定压方式,控制主蒸汽压力不变。

④ 当汽轮机冲转和发电机并网后,随着汽轮机带负荷,高压旁路维持主蒸汽压力

(8.4 MPa)不变，高压旁路减压阀逐渐关闭至零。当高压旁路阀全关后且机组负荷大于30%额定负荷，高压旁路转为跟随方式，将设定值自动提高至50 MPa，防止汽轮机在运行状态下高压旁路阀开启控制主蒸汽压力。

⑤ 当汽轮机停机时，若高压旁路阀自动调节，可使高压旁路直接进入压力控制，高压旁路则根据人为设定压力进行调节，以保持主蒸汽压力维持不变。

（二）低压旁路的控制

(1) 下列情况下低压旁路强制关闭：

① 凝汽器压力下降到24.7 kPa。

② 凝汽器温度高于80 ℃。

③ 低压旁路出口喷水压力低于1.5 MPa。

④ 再热器出口凝汽器水位大于1 300 mm。

(2) 下列情况下低压旁路快速开启：

① 再热器出口压力大于设定值(0.6 MPa)，同时再热器出口压力大于1 MPa。

② 高压旁路快开联动低压旁路快开。

③ 汽轮机跳闸。

④ 发电机跳闸。

⑤ 汽轮机转速超过110%的额定转速。

(3) 低压旁路控制方式为定压方式。

① 锅炉启动升压时，低压旁路处于自动控制状态，此时根据压力设定值自动开启，控制再热蒸汽压力，在机组并网之前，再热蒸汽压力设定最大不得超过0.828 MPa。

② 当汽轮机冲转和发电机并网带30%额定负荷后，随着汽轮机带负荷，低压旁路压力设定值则根据调节级压力和机组负荷的函数关系与低压旁路显示的设定压力值进行比较后取大并加上0.4 MPa的偏差值，最终使得低压旁路减压阀逐渐关闭至零并保证在机组正常运行时阀门关闭。

(4) 下列情况下低压旁路减温水控制：

当汽轮机低压旁路减压阀开度大于2%时，联开低压旁路减温水截止阀和三级喷水阀，利用低压旁路减温水调节门控制减压阀后温度在140～160 ℃之间。

十四、凝汽器半侧运行操作

（一）凝汽器的半侧隔绝清洗

(1) 运行中发现凝汽器冷却水管泄漏或凝汽器水侧污脏时，请示值长同意后，可单独解列、隔绝半侧凝汽器。

(2) 操作时必须按操作票顺序进行操作，并做好记录。

(3) 将准备停用侧凝汽器胶球清洗装置收球结束，胶球系统停止运行，并将该胶球清洗程控退出，停止胶球泵动力电源。

(4) 根据机组真空情况，联系值长减负荷至75%额定负荷以下。

(5) 关闭停用侧凝汽器至水室真空泵入口隔离门。

(6) 关闭停用侧凝汽器抽真空隔离门,备用真空泵处于随时可以启动状态。

(7) 将高、低压旁路系统置于手动控制方式,高、低压旁路减压阀处在关闭位置。

(8) 适当开大运行侧凝汽器循环水进口门和出口门,注意循环水进口压力变化。

(9) 逐渐关小停用侧凝汽器的循环水进、出口门,直到全关。一切正常后将停用侧凝汽器的循环水进、出口门电源停掉,并挂“禁止操作”牌。

(10) 若两台循环泵运行,视情况可停止一台循环泵运行。

(11) 全开停用侧凝汽器水室放空气门。

(12) 开启停用侧凝汽器水室放水门,放水泄压。

(13) 当水压降到零后,缓慢打开停用侧凝汽器人孔门进行清扫、查漏工作,并密切注意凝汽器压力不大于 15 kPa,排汽温度不超过 54 ℃,若在隔绝过程中发生真空下降应立即停止操作,进行恢复。

(14) 如需要进行钛管查漏,在无可燃性气体后方可进行烛火查漏。

(二) 凝汽器半侧隔绝清洗后的恢复

(1) 凝汽器检修工作全部结束,工作人员已撤离,所有工具及垃圾均已清理,人孔门已关闭。

(2) 关闭凝汽器水室及管道放水门。

(3) 对停用侧凝汽器的循环水进、出口门送电后,稍开凝汽器进水门,对凝汽器注水。

(4) 循环水进、出水管上放空气门有水流出后关闭。

(5) 凝汽器出水室放尽空气后关闭放空气门,全开凝汽器进水门。

(6) 凝汽器循环水进水门全开后,缓慢开启出口门,维持循环水出口母管压力稳定。

(7) 调节凝汽器循环水两侧出水门,使得出水水温稳定。

(8) 凝汽器循环水水侧运行正常后,缓慢开启停用侧凝汽器抽真空门直至全开。

(9) 视凝汽器真空情况根据需要恢复机组负荷。

(10) 根据需要,运行凝汽器胶球清洗系统。

十五、高压、低压加热器的运行

(一) 高压、低压加热器运行前的准备工作

(1) 检修工作全部结束,工作票终结。

(2) 高压加热器水位保护、连锁、水位自动均应试验良好。

(3) 凝结水、给水等有关系统已投运,低压、高压加热器水侧随系统投运,管束无泄漏。

(二) 禁止高压、低压加热器运行的条件

(1) 加热器保护及连锁失灵。

(2) 加热器汽侧、水侧安全门动作不正常。

(3) 加热器钢管泄漏。

(4) 加热器主要监视仪表故障。

(5) 加热器抽汽逆止门开关失灵。

(6) 加热器主要汽、水、疏水门控制失灵。

(7) 加热器系统存在其他严重影响安全运行的缺陷。

(三) 高压加热器的注水操作

(1) 开启高压加热器给水管道的放空气门。

(2) 稍开高压加热器注水一、二次门向高压加热器水侧注水,待空气放尽后,关闭放空气门。

(3) 待高压加热器水侧压力与给水母管压力相等后,监视 10 min,高压加热器水侧压力无下降,高压加热器水位无上升,确定高压加热器钢管无泄漏。

(4) 开启高压加热器出水电动门、高压加热器进水三通阀,正常后关闭高压加热器注水一、二次门。

(四) 高压、低压加热器汽侧的运行操作

(1) 开启低压加热器和高压加热器汽侧启动排汽门。

(2) 将低压加热器正常疏水门设定后投自动,将#1、#2 高压加热器正常疏水门分别设定后投自动,将#3 高压加热器正常疏水门关闭,事故疏水门设定后投自动,加热器正常水位在零位。

(3) 汽轮机复置后,打开各级抽汽电动门(四抽除外),各级抽汽逆止门自动打开。

(4) 汽轮机启动后,注意随着抽汽压力上升,低压加热器及各高压加热器汽侧随机投用,低压加热器及各高压加热器出水温度相应升高。

(5) 低压加热器及各高压加热器疏水水位自动调节正常,若加热器水位自动调节不正常,可解除自动,进行手动调节。

(6) 高压、低压加热器汽侧投用正常后,关闭其启动空气门,开启连续排汽门。

(7) 随负荷升高,当#3 高压加热器进汽压力大于 0.2 MPa 且化验水质合格后,将#3 高压加热器疏水回收至除氧器。

(8) 高压、低压加热器检修后初次投运,应将高压加热器疏水先排至地沟,待水质合格后方可回收至凝汽器。

(9) 若#5、#6 低压加热器未随机启动,投运时应先投运#6 低压加热器汽侧,然后再投运#5 低压加热器汽侧,防止汽侧排挤并注意疏水的自动调整。

(10) 水位稳定后,投入加热器水位保护装置。

(五) 高压加热器汽侧带负荷时的运行操作

(1) 机组负荷 100 MW 以上时,开启各高压加热器汽侧启动排汽门。

(2) 由低到高逐台导通高压加热器汽侧,打开高压加热器抽汽逆止门,关闭逆止门前、后疏水门。注意控制各加热器汽侧压差在 0.08~0.1 MPa,控制高压加热器出水温度温升率在 1~1.5 ℃/min 范围内。

(3) 当加热器水位达 0 mm 时,加热器疏水自动调节正常。若加热器水位自动调节不正常,应切手动调节并联系热工人员处理。

(4) 当高压加热器疏水水质合格,且＃3 高压加热器进汽压力大于 0.2 MPa 后,将＃3 高压加热器正常疏水门切至自动调节方式,高压加热器疏水逐级自流回至除氧器。

(5) 开启＃1、＃2、＃3 高压加热器至除氧器连续排汽门,关闭＃1、＃2、＃3 高压加热器启动排汽门。

(6) 水位稳定后,投入加热器水位保护装置。

(六) 加热器的运行监视

(1) 应经常注意加热器水位变化,防止高水位或无水位运行。若水位自动调节失灵,应切手动调节,并联系热工人员处理。

(2) 应注意加热器进汽压力、温度和加热器出水温度、疏水温度等是否正常,与机组负荷是否相适应。

(3) 加热器及其抽汽管道、疏水管道等无泄漏、无振动、无冲击现象。

(4) 应经常监视和核对加热器的疏水端差,高压、低压加热器的疏水端差应在 5～6 ℃左右,发现端差增大应分析原因,及时处理。

(5) 注意核对机组负荷与加热器疏水门开度的关系,若负荷一定而疏水门开度增大时,加热器钢管可能有泄漏。

(6) 若加热器水位达到保护值,保护动作正常,分析水位升高的原因并及时进行处理。

(7) 运行中只要有一台高压加热器出现高三值水位,则三台高压加热器汽侧全部解列,给水走旁路,当高压加热器水位恢复正常、原因查清处理后,重新导通高压加热器水侧,再逐台投用＃3、＃2、＃1 高压加热器汽侧,监视高压加热器水位调节是否正常。

(七) 高压加热器的停止操作

(1) 高压加热器的停止应按从高到低的顺序进行。

(2) 关闭高压加热器进汽电动门,控制出水温度变化率不大于 66 ℃/h。

(3) 将＃3 高压加热器疏水倒至凝汽器。

(4) 三台高压加热器进汽门全部关闭后,关闭抽汽逆止门,关闭连续排汽至除氧器手动阀。

(5) 关闭高压加热器进口三通电动门,注意给水流量的变化,关闭高压加热器出口电动门。

(6) 若须检修,继续以下步骤:

① 关闭本级正常疏水及上级正常疏水手动门。

② 关闭本级事故疏水门。

③ 开启汽侧放空气门、放水门,注意主机真空变化。

④ 开启水侧放空气门、放水门。

⑤ 将高压加热器水侧进、出口门及进汽电动门停电。

第七章　机组电气设备运行

发电厂电气系统主要包括发变组系统和厂用电系统，本章主要介绍变压器的运行、继电保护及自动装置的运行、厂用电系统的运行、厂用电动机系统的运行和直流电源系统的运行。这些设备及系统运行的安全与否，直接影响到整台机组运行的经济性和安全性。

第一节　变压器的运行

一、变压器设备概述

每台机组设有一台主变压器与发电机组成单元接线接入500 kV升压站，发电机出口设有两台高压厂用变压器，分别给本机6 kV厂用A、B段母线供电。两台机组共设一台启动变压器，作为6 kV厂用A、B段母线的备用电源。

主变压器的型号为SFP-720000/500，其额定电流为858/20 785 A，其冷却方式为强迫油循环风冷。主变压器采用无载调压方式，分接开关的调压范围为(510±2×2.5%)kV。

高压厂用变压器型号为SF9-35000/20，其冷却方式为自然油循环风冷。高压厂用变压器采用无载调压方式，分接开关的调节范围为(20±2×2.5%)kV，可以将6 kV母线电压调整为额定值。

启动变压器型号为SFZ9-35000/220。启动变压器是带有平衡绕组的三相双绕组变压器，其冷却方式为自然油循环风冷，采用有载调压，分接开关的调压范围为(230±8×1.25%)kV，可以将6 kV母线电压调整为额定值。

380 V低压厂用变压器均采用低压干式变压器，低压干式变压器采用三相树脂浇注绝缘，其冷却方式为风冷，冷却风扇可以手动控制启停，也可以根据变压器温度自动控制。照明变压器带有自动稳压器装置。

二、变压器的允许运行方式

(一) 额定运行方式

(1) 正常运行时，变压器应按照厂家规定的铭牌参数运行。在额定运行方式下，全年可按额定容量运行。

(2) 主变压器、高压厂用变压器、启动变压器均为油浸式变压器，低压厂用变压器为F级绝缘干式变压器，运行中的环境温度为 +40 ℃时，其上层油温、温升的限额(规定值)如表7-1所列。

表 7-1　油浸式变压器上层油温、温升的限额

设备名称	主变压器	高压厂用变压器	启动变压器
冷却方式	强迫油循环风冷	自然油循环风冷	自然油循环风冷
上层油温升上限/℃	50	55	55
线圈温升/℃	60	65	65
最高上层油温/℃	85	95	95
正常运行上层油温/℃	75	85	85

当冷却介质温度下降时，变压器最高上层油温也应该相应下降，为防止绝缘油加速劣化，自然油循环风冷变压器油温一般不宜超过 85 ℃，强迫油循环风冷变压器油温一般不宜超过 75 ℃。

(3) 干式变压器(F 级绝缘)的高低压绕组的温升不得超过 100 ℃。在运行过程中应重点监视信号温度计的状况，因为信号温度计本身即为干式变压器的保护系统。

(4) 无载调压变压器在各分接头位置的额定容量，应遵守制造厂的规定。但在额定电压±5%的范围内改变分接头位置，其额定容量不变。有载调压变压器在各分接头位置的额定容量，应遵守制造厂规定。

(5) 变压器的外加一次电压一般不超过相应分接头电压值的 105%，此时，变压器的二次侧可带额定负荷运行。

(二) 允许过负荷运行方式

(1) 变压器可以在正常过负荷和事故过负荷的情况下运行。正常过负荷时，其允许值可根据变压器的负荷曲线、冷却介质温度以及过负荷前变压器所带负荷等因素来确定。事故过负荷只允许在事故情况下使用。变压器若存在较大缺陷(如冷却系统不正常、严重漏油、色谱分析异常等)时，不允许过负荷运行。

(2) 变压器过负荷运行时，应运行全部冷却装置，并加强对上层油温和线圈温度监视和控制，做好记录，并严格控制上层油温不得超过允许值。

(3) 油浸式变压器的正常过负荷能力应按制造厂的规定执行。

三、变压器冷却系统运行方式

(一) 主变压器冷却装置的运行

(1) 主变压器运行时，必须运行一组及以上冷却器。为了防止瓦斯保护误动，在运行中的主变压器冷却器全停后，冷却器重新投入运行时，应在第一组冷却器正常运行 5 min 后，再启动第二组，不能将两组及以上冷却器同时运行。

(2) 运行中的变压器，禁止同时运行两组及两组以上冷却器。

(3) 在对运行中的变压器冷却器进行检修时，检修人员严禁在无运行人员同意的情况下，单独启、停潜油泵。

(4) 变压器的冷却装置由两路电源供电，两路冷却交流电源分别来自本机汽轮机

MCCA1 段和汽轮机 MCCB1 段，分别作为工作电源和备用电源。当工作电源因故断开时，应自动切至备用电源运行。当工作电源恢复供电后，备用电源应自动退出运行。根据运行方式的不同，两路电源可互为备用（正常选“Ⅰ”为工作电源，“Ⅱ”为备用电源，即 SS 选“Ⅰ”）。

(5) 每组冷却器可以利用 SC1 至 SC8 切换开关进行操作，可以选择“工作”“辅助”“备用”“停运”四种位置进行切换。工作状态是指电源正常时，只要将控制开关切至“工作”位置，冷却器即开始运行。辅助状态是指正常情况下，该组冷却器的控制开关切至“辅助”位置，根据变压器上层油温或变压器负荷电流的大小来决定是否启动，当上层油温达到 65 ℃或变压器的负荷电流达到 70%额定电流时，辅助冷却器组自动运行，当上层油温低于 55 ℃且变压器负荷电流低于 70%额定电流时，辅助冷却器组自动停止运转。备用状态是指正常情况下，该组冷却器的控制开关切至“备用”位置，当工作或辅助冷却器组任一组因故停止运行时，备用冷却器组自动投入运行。

(6) 当冷却器电源全部中断停止运行后，在额定负荷下允许运行时间为 20 min。小于额定负荷下，上层油温度达到 75 ℃时，变压器允许继续运行时间不超过 1 h。

(7) 正常运行时，应根据主变压器负荷和温度来确定冷却器运行的台数（夏季和冬季运行台数可适当调整），一般四台处于工作状态，两台作为辅助，两台作为备用；夏季可减少一台备用，改切至工作状态。冷却器正常运行时应对称运行，不允许将备用冷却器组和工作冷却器组全部投入运行。

(8) 低负荷运行时，可以停运部分冷却器，在保持各绕组及油温升不变的条件下，开启冷却器的数量与运行负荷有关。

(9) 正常运行时各开关状态如表 7-2 所列。

表 7-2　正常运行时各开关状态

电源选择 SS	“Ⅰ”或“Ⅱ”
风扇油泵选择 SC1 至 SC8	“工作”/“备用”/“辅助”
直流控制选择 ST	“工作”
加热器选择 SH	“投入”（雨、雾和冬季投入）
加热器电源开关 QA	“合”
风扇油泵动力开关 Q1 至 Q8	“合”
故障报警灯 HF1 至 HF5	故障报警时亮

(二) 启动变压器、高压厂用变压器冷却器的运行

(1) 冷却系统电源采用两路供电，两路电源可任选一路作为工作电源，而另一路作为备用电源，＃04A/B 启动变压器的两路冷却交流电源分别来自＃7 机汽轮机 MCC7B1 段和＃8 机汽轮机 MCC8B1 段。高压厂用变压器两路冷却交流电源分别来自本机汽轮机 MCCA1 段和汽轮机 MCCB1 段。当工作电源出现故障时，备用电源自动运行。

(2) 冷却器可以根据需要设置为手动或自动方式运行。正常时设置为自动方式。

(3) 若冷却器设置为手动方式运行时，将一直保持运行状态。

(4) 当冷却器设置为自动方式运行时，通过变压器的负荷电流或上层油温来自动控制冷却器的启停。当变压器上层油温达到 55 ℃、绕组温度达到 65 ℃或负荷电流达到 67%额定电流(启动/备用变压器)、1 275 A(高压厂用变压器)时，冷却器将自动运行；当变压器上层油温降至 45 ℃、绕组温度降至 55 ℃以下，且负荷电流小于上述值时，冷却器将自动停止运行。

(三) 低压干式变压器冷却风扇的运行方式

(1) 低压干式变压器冷却风扇的运行方式为 AN(自冷)/AF(风冷)，风扇控制开关正常设置为自动方式，冷却装置的启停受变压器绕组温度的控制。风扇的启动温度为 100 ℃，停止温度为 80 ℃，变压器报警温度为 130 ℃，跳闸温度为 150 ℃。

(2) 当需要手动开启风扇时，将风扇控制开关切换至手动方式即可。

(3) 低压干式变压器在空气冷却条件下允许过负荷运行时间如表 7-3 所列。

表 7-3　低压干式变压器在空气冷却条件下允许过负荷运行时间

过电流/%	允许运行时间/min	过电流/%	允许运行时间/min
20	60	50	18
30	40	60	5
40	32		

四、变压器运行前的准备工作

(一) 变压器运行前的检查

(1) 在检修工作票结束后，应拆除所有临时接地线、短路线和临时安全措施，恢复常设围栏和标示牌。

(2) 变压器本体、套管、引出线、绝缘子清洁、无损坏，现场清洁无杂物。

(3) 变压器油枕及套管的油色透明，油位正常。

(4) 有载调压变压器的分接开关在适当的位置，无载调压变压器的分接开关在适当位置。

(5) 变压器瓦斯继电器内充满油，无气体。

(6) 变压器防爆膜完好，压力释放阀完好，呼吸器内硅胶无变色。

(7) 散热器、油枕及瓦斯继电器的油门应全开。

(8) 室内干式变压器各部位清洁，温控装置正常，无水淋的可能。

(9) 各继电保护及自动装置正常。

(10) 各主要设备和辅助设备无漏油、渗油现象。

(11) 冷却装置及冷却电源完好，风机、温控设备以及其他辅助器件正常，尤其是风机转向要正确。

(12) 变压器测温装置良好。

(13) 变压器外壳接地良好。

(14) 变压器消防装置良好。

(二) 变压器绝缘电阻的规定

(1) 对新安装或检修后及停运超过15 d以上的变压器,在投运前,均应测量其绕组的绝缘电阻,测得的结果应记录在专用的记录内。

(2) 变压器的绝缘电阻R60″应不低于出厂值的85%,吸收比(R60″/R15″)不小于1.3。

(3) 对变压器线圈测量绝缘电阻时,电压在10 kV以上的,应使用2 500 V兆欧表,其绝缘电阻不低于10 MΩ。电压在500 V以下的,应使用500 V兆欧表,其绝缘电阻不低于0.5 MΩ。测量前应将被测线圈接地放电至少3 min,测量结束后应对地放电。

(4) 干式变压器的绝缘电阻:一般情况(温度为20～30 ℃,湿度小于90%)下,高压与低压的绝缘值应大于或等于300 MΩ,测定仪表用2 500 V兆欧表,低压对地绝缘大于100 MΩ时测定仪表用2 500 V兆欧表。

在比较潮湿的环境下,变压器的绝缘电阻值会有所下降。一般每1 000 V额定电压,其绝缘电阻不小于2 MΩ(1 min 25 ℃时的读数),则能满足运行要求。但是,如果变压器异常潮湿发生凝露现象,则不论其绝缘电阻如何,在进行耐压试验或投运前,必须进行干燥处理。

铁芯绝缘电阻的测试,一般情况(温度为20～30 ℃,湿度小于90%)下:铁芯——夹件及地绝缘应大于或等于2 MΩ,测定仪表用2 500 V兆欧表,穿芯螺杆——铁芯及地绝缘应大于或等于2 MΩ,测定仪表用2 500 V兆欧表。同样,在比较潮湿的环境下,此值会下降,只要其阻值不小于0.1 MΩ,即可以投运。一般通过干燥处理,使其达到要求。

(5) 油浸式变压器绝缘电阻值应符合下列标准:

温度10～30 ℃时的吸收比:220 kV及以上变压器不低于1.3,20 kV以下变压器不低于1.2。

(三) 变压器运行前的试验及运行条件

(1) 变压器投运前的试验:

① 新安装或大修后的变压器投运前应做全电压合闸试验。

② 变压器各侧开关的跳闸、合闸试验。

③ 变压器各侧开关的连锁试验。

④ 新安装或二次回路工作检修过的变压器,应做保护传动试验,且有技术交代记录。

⑤ 冷却器电源的切换试验。

⑥ 有载调压装置的调整试验,试验正常后,分接头放至适当位置。

(2) 新安装或大修后的变压器,投运前应具备下列条件:

① 有变压器和充油套管的绝缘试验合格的结论。

② 有油质分析合格的结论。

③ 有设备安装和变更的通知单。

④ 设备标志必须齐全。

⑤ 遇有下列情况，须经定相并出具报告后，方可正式投运。

a. 新安装的或大修后的变压器。

b. 变压器的接线变更后。

c. 与变压器连接的电压互感器检修后。

d. 变压器新换电缆或重做电缆后。

e. 变压器的相序变动后。

(3) 新安装或大修后复役的变压器须增加的检查项目如下：

① 一、二次回路正常，接线无松动脱落，接地装置良好。

② 各有关阀门位置符合运行要求。

③ 冷却装置运行正常。

④ 电压分接头在运行规定位置。

⑤ 消防装置校验正常(进出水阀门均应开启，控制阀门位置正确)。

⑥ 变压器室的门锁、房屋完好，照明良好。

⑦ 干式变压器室内保持干燥，周围及顶部无漏水、无杂物。

(4) 大修后及运行中的变压器必须定期进行油色谱分析。

(5) 强迫油循环风冷装置投运前应做如下检查：

① 冷却器进、出油联管的阀门应打开，散热器进风通畅，入口处干净无杂物。

② 潜油泵转向正确，运行中无杂音和明显振动。

③ 风扇电机转向正确，叶片无摩擦现象。

④ 冷却器控制箱内各开关闭合良好，无振动及异常响声。

⑤ 冷却器无渗、漏油现象。

五、变压器的运行与停止操作规定

(1) 应根据值长的命令执行变压器的投运与退出操作。

(2) 厂用变压器应由高压侧向低压侧充电，在任何情况下，严禁变压器由低压侧向高压侧全电压充电。

(3) 在变压器投运时，应观察励磁涌流的冲击情况，若发现异常，应立即拉闸，使变压器脱离电源。

(4) 高压变压器投运前或退出前，必须先将其与系统相连一侧的中性点接地，正常运行中按调度命令执行。

(5) 变压器充电时，重瓦斯保护必须置于跳闸位置，投运后，可根据有关的命令和规定，切换至相应的位置。

(6) 严禁用刀闸向变压器充电或切断变压器的负荷电流和空载电流。

(7) 厂用变压器停电时，必须先断开负荷侧开关，后断开电源侧开关。

(8) 有温度控制仪的干式变压器，温度控制仪调试正常后，先将变压器投运，再将温度控制方式切至自动控制方式。

(9) 变压器送电前，差动及重瓦斯等保护必须置于正确位置。

(10) 新安装或大修后及进行过变动相位工作的变压器,在投运时,必须核对相位正确。

六、变压器的并列运行

(一) 并列运行条件

(1) 变压器的绕组接线组别相同。

(2) 变压器的电压变比相同。

(3) 变压器的阻抗电压相等。

(4) 阻抗电压不同的变压器,其并列运行时,必须保证任何一台变压器都不会过负荷。

(二) 并列运行注意事项

(1) 新安装或内、外连接变动过的变压器及改变过接线组别的变压器,在并列之前必须核定相序。

(2) 变压器的并列运行时间应尽量缩短。

七、变压器运行中检查

(一) 油浸式变压器运行中的检查

(1) 油浸式变压器各部分外观清洁,无渗油、漏油现象,油浸式变压器油枕和套管的油位、油色应正常。

(2) 套管外部应清洁,无破损裂纹、无放电痕迹及其他异常现象。

(3) 油浸式变压器各部位声音应正常。

(4) 油浸式变压器油温、本体各部位温度正常,油系统阀门开启正确,风扇、油泵运行正常。油浸式变压器引出线接头接触良好,无发热现象。

(5) 油浸式变压器压力释放阀或防爆筒完好无损,压力释放阀处于复归后状态。

(6) 瓦斯继电器内不应有滞留气体,瓦斯继电器应充满油,瓦斯继电器通向油枕间的阀门应打开。

(7) 油浸式变压器小室的门、窗应完整,室内无渗漏水和积水现象,照明和通风良好。

(8) 油浸式变压器中性点接地电阻无过热现象。

(9) 有载分接开关的分接位置及电源指示应正常。

(10) 油浸式变压器本体、铁芯及绕组接地引线应可靠接地。

(11) 各控制箱和二次端子箱门关严,没有受潮。

(12) 油浸式变压器消防水压力正常,回路完好。

(二) 干式变压器运行中的检查

(1) 干式变压器各部温度应正常,测温装置清洁完好。

(2) 干式变压器无异常声音,无焦臭味和异常振动。

(3) 干式变压器周围无积水、漏水,外壳清洁无杂物。

(4) 干式变压器柜门应关闭严密。

(5) 干式变压器通风系统良好、风扇运行正常。

(6) 干式变压器投运后，禁止触摸其本体，不得打开其本体门。

(三) 变压器中性点接地电阻器的检查

(1) 电阻器室内不应有杂物，灰尘较大时应尽快清理。

(2) 电阻元件之间连接良好。

(四) 变压器的特殊检查

(1) 瓦斯、差动保护动作后应立即进行检查，在出现异常情况下，应增加检查次数。

(2) 雨雪或雾天，变压器引线连接头处无冒汽、熔化现象或闪络放电，套管无破裂及烧伤痕迹，瓷瓶不出现造成闪络的冰柱。

(3) 大风时，变压器上部引出线不应有剧烈摆动及松动现象，变压器顶盖和周围无杂物。

(4) 气温突变时，应对变压器的油位、冷却装置的运行情况、是否有过热或冰冻现象进行检查。

(5) 变压器过负荷运行时，监视负荷、油温、油位的变化，引线接头接触良好无过热现象，冷却系统运行正常。

(6) 系统发生短路故障后，检查变压器有关接头有无变形、有无喷油现象，变压器中性点或放电间隙有无烧伤痕迹。

(五) 新安装或大修后复役的变压器须增加的检查项目

(1) 变压器一、二次回路正常，接线无松动脱落现象，接地装置接地良好。

(2) 各有关阀门位置符合运行要求。

(3) 变压器冷却装置运行正常。

(4) 变压器电压分接头运行在规定位置。

(5) 消防装置校验正常(进出水阀门均应开启，控制阀门位置正确)。

(6) 变压器室的门锁、房屋完好，照明良好。

(7) 干式变压器室内保持干燥，周围及顶部无漏水、无杂物。

第二节　继电保护及自动装置的运行

电气一次设备不允许处于无保护状态下运行，运行中的电气一次设备，其保护装置一般应处于完好状态，在特殊情况下，必须按调度指令，办理有关手续且经审批后，可停用部分保护，但主保护不允许同时停用。

一、继电保护管理规定

(1) 运行中的继电保护和自动装置的图纸、资料、定值单、标示牌等必须齐全、正确，且与实际相符。

(2) 二次回路的交流、直流小开关、保险、保护压板、信号继电器及控制把手等应由保护人员写明名称、用途、标号。

(3) 应严格执行调度规程中的有关规定,明确网(省)调管辖的保护和厂内管辖的保护范围。

(4) 保护的投入和退出:如果保护装置没有功能投退压板,应通知继电保护人员在微机程序中设置投退保护。保护出口压板的投退由运行人员进行操作,一人操作,一人监护。

(5) 保护装置动作后,值班员应详细记录保护装置发出的信号、动作时间、开关跳闸和合闸情况及其他一些异常现象,并及时报告值长。

(6) 运行的继电保护装置和自动装置的定值修改后,必须有保护人员提供的保护定值整定通知书或网调命令方可执行。继电保护装置和自动装置运行中,应建立保护整定专用记录本,并对过时的整定书加盖“作废”章后存档。执行的整定书应加盖“已执行”章。

二、微机保护运行的注意事项

(1) 严禁操作保护装置上的键盘、开关、拨轮。

(2) 运行人员不得改变保护定值,不允许电气二次人员随意改变保护定值。

(3) 微机保护全停时,应该将微机保护的跳闸压板全部断开,不允许用停保护直流电源的方法来代替。

(4) 继电保护装置和自动装置运行中,故障闭锁回路发生动作时,应立即汇报当值值长并通知继电保护人员。

(5) 微机保护正常运行,打印机发生故障时,应及时通知继电保护人员。

(6) 运行人员查找直流接地故障时,若必须查找微机保护专用直流电源,必须经过批准后方可停用保护装置。

(7) 禁止在继电保护室内使用手机、对讲机或其他具有无线电发射功能的通信工具。

(8) 当保护发生动作后或装置发生异常时,应记录保护动作时间及装置面板信号灯情况,报告值长并通知继电保护人员,运行人员和保护人员一起复归保护信号。

三、#04A/B 启动变压器保护

#04A/B 启动变压器的保护装置采用通用 GEUR 系列变压器组管理继电器保护,包括 G、H、I 三个保护屏,电量保护装置采用双套冗余配置,非电量保护装置配置在 G 屏。

四、发变组保护

(1) 发变组保护柜后的小开关规定如表 7-4 所列。

(2) 发变组保护装置采用通用 GEUR 系列微机发电机变压器组保护,包括 A、B、C 三个保护屏和高压厂用变压器 D、E 两个保护屏,A、B、D、E 屏配置为电量保护,主保护及后备保护装置均为双套冗余配置,C 屏配置为非电量保护。

(3) 发电机转子接地保护装置的运行规定

发电机转子接地保护装置为南京南瑞集团公司生产的 RCS-985RE 型微机发电机转子接地保护装置。转子接地保护装置配有一点接地保护(分两段式)和两点接地保护功能。转

表 7-4　发变组保护柜后的小开关规定

保护柜	编号	内容	正常运行方式
发变组保护 A 柜	1AZKK	直流 A 段来发电机保护 G60-Ⅰ电源开关	合
	2AZKK	直流 A 段来主变压器保护 T60-Ⅰ电源开关	合
	3AZKK	直流 A 段来励磁变压器 T35-Ⅰ保护电源开关	合
	4AZKK	直流 A 段来 A 屏保护出口电源开关	合
发变组保护 B 柜	1BZKK	直流 B 段来发电机保护 G60-Ⅱ电源开关	合
	2BZKK	直流 B 段来主变压器保护 T60-Ⅱ电源开关	合
	3BZKK	直流 B 段来励磁变压器 T35-Ⅱ保护电源开关	合
	4BZKK	直流 B 段来 B 屏保护出口电源开关	合
发变组保护 C 柜	1CZKK	直流 A 段来非电量 C30 保护电源开关	合
	2CZKK	直流 A 段来非电量出口电源开关	合
	3CZKK	直流 A 段来操作箱电源Ⅰ电源开关	合
	4CZKK	直流 B 段来操作箱电源Ⅱ电源开关	合
发变组保护 D 柜	1DZKK	直流 A 段来 A 高压厂用变压器 T35-Ⅰ保护电源开关	合
	2DZKK	直流 A 段来 B 高压厂用变压器 T35-Ⅰ保护电源开关	合
	3DZKK	直流 A 段来 D 屏保护出口电源开关	合
发变组保护 E 柜	1EZKK	直流 B 段来 A 高压厂用变压器 T35-Ⅱ保护电源开关	合
	2EZKK	直流 B 段来 B 高压厂用变压器 T35-Ⅱ保护电源开关	合
	3EZKK	直流 B 段来 D 屏保护出口电源开关	合

子一点接地保护分为灵敏段和普通段。其中，灵敏段保护动作后发出报警信号，普通段既可动作于信号也可动作于跳闸。转子一点接地保护（不投跳闸）发出报警后，手动投入转子两点接地保护装置，保护装置一旦动作就跳开发电机组。

五、380 V 厂用电保护

380 V PC 母线进线及联络开关保护配置如下：

（1）过流长延时、短延时的保护装置，开关内部设定为反时限，投开关跳闸。

（2）瞬时过载保护装置，投开关跳闸。

（3）接地保护装置为定时限，投开关跳闸。照明段、检修段进线及联络开关另设有零序保护装置、动作延时跳闸。

六、MFC2000-2 型微机厂用电快速切换装置

MFC2000-2 型微机厂用电快速切换装置的基本功能有：实时监测、显示运行参数及运行状态，完成工作电源、备用电源的互相切换，实现低压减载、闭锁报警、事故处理及启动后的加速保护，可以进行事件追忆、录波、打印、通信、GPS 对时等功能。

（一）装置的切换方式

（1）正常（手动）切换：均可以双向切换，分为并联自动、并联半自动和同时切换。

① 选择并联自动时，手动启动，若并联切换条件满足，装置将自动合上备用(工作)开关，经过一定延时后自动跳开工作(备用)开关，如在这段延时内，刚合上的备用(工作)开关被跳开，则装置不再自动跳工作(备用)开关。如启动后并联切换条件不满足，装置将闭锁发出信号，并进入等待复归状态。

② 选择并联半自动时，手动启动，若并联切换条件满足，装置将自动合上备用开关，而跳开工作开关的操作由人工完成。如在规定的时间内，操作人员仍未跳开工作开关，装置将发出报警。如启动后并联切换条件不满足，装置将闭锁发出信号，并进入等待复归状态。

③ 选择同时切换时，手动启动，先发跳工作(备用)开关命令，在切换条件满足时，发合备用(工作)开关命令。如要保证先分后合，可在合闸命令前加一定延时。同时切换时有快速、同期捕捉、残压三种切换条件(任意一个条件满足即可)，当快速条件不满足转入同期捕捉或残压方式。

(2) 事故切换：事故切换由保护出口启动，单向执行操作，只能由工作电源切向备用电源。

① 事故串联切换。保护启动，先跳工作电源开关，在确认工作电源开关已跳开且切换条件满足时，合上备用电源开关。切换条件与同时切换的条件相同。

② 事故同时切换。保护启动，先发跳工作电源开关命令，切换条件满足时(或经用户延时)即发合备用电源开关命令。切换条件与同时切换的条件相同。

(3) 不正常情况切换：不正常情况切换，由保护装置自行启动，单向，只能由工作电源切向备用电源。

① 厂用母线失电的启动。当厂用母线三相电压均低于整定值，时间超过整定延时，装置将根据选择方式进行串联或同时切换。切换条件与同时切换的条件相同。

② 工作电源开关误跳后的启动。因各种原因(包括人为误操作)造成工作电源开关误跳，保护装置将在切换条件满足时合上备用电源开关。切换条件与同时切换的条件相同。

(二) 装置的运行状态

(1) 装置电源开关在合闸时，装置电源插件小面板指示灯＋5 V、＋15 V、－15 V、＋24 V亮。

(2) 正常运行时，面板“运行”指示灯闪亮，约每 2 s 闪 1 次。液晶显示屏显示设备运行参数及运行状态。

(3) 当切换操作选择在就地执行时，面板“就地”指示灯亮。选择远方执行时，面板“就地”指示灯熄灭。

(4) 工作电源开关处在合闸位置时，面板“工作”指示灯亮，处在分闸位置时，面板“工作”指示灯熄灭。

(5) 备用电源开关处在合闸位置时，面板“备用”指示灯亮，处在分闸位置时，面板“备用”指示灯熄灭。

(6) 装置刚进行过切换操作，面板“动作” 指示灯亮，须复归后熄灭。装置未进行切换操作，面板“动作”指示灯熄灭。

(7) 装置处于闭锁状态(包括装置闭锁及出口闭锁)时，面板“闭锁”指示灯亮，装置处于无闭锁时，面板“闭锁”指示灯熄灭。

(8) 装置向 DCS 发送信号时，面板“通信 1”指示灯亮，否则熄灭。

(9) 装置从 DCS 接收信号时，面板“通信 2”指示灯亮，否则熄灭。

(三) 装置的报警及处理

(1) 厂用电系统和保护装置本身运行正常时，不会有异常、闭锁信号，如出现异常、闭锁信号，说明工作状态有异常情况，须根据不同情况进行处理，处理完后按“复归”钮，可复归信号。

(2) 装置失电，检查装置直流电源电压和快切柜本身，检查快切柜后直流电源进线空气开关是否合上、装置电源插件开关是否合上等。

(3) 当装置发出闭锁信号时，可分为以下两种情况：

① 第一种情况

a. 开关位置发生异常闭锁(6 kV 母线压变拖出，工作、备用开关全分，工作、备用开关全合，任一条件满足时发此信号)。

b. 装置本身自检发生异常。

c. 保护发出闭锁信号(如工作分支过流)。

d. 6 kV 母线电压互感器一相或两相发生断线。

e. 后备电源发生失电现象。

f. 快切装置进行了一次切换操作后。

② 第二种情况

a. 外部出口发出闭锁信号(关闭出口)。

b. “方式设置”中出现问题。

c. 所有切换方式均退出(快切/残压、越前时间、越前相角)。

当发生第一种所述情况或进行了一次切换后，即为装置闭锁，则装置进入等待复归状态，在等待复归状态下，装置将不响应任何操作及启动信号，只能手动复归(复归前应将快切切至“关闭出口”，正常后再投“保护启动”)。如闭锁或故障仍存在，复归后信号依旧，应及时联系检修人员，同时做好厂用电跳闸的事故预想。

当发生第二种所述情况后，即为出口发出闭锁信号，这种情况能自动复归，装置不进入等待复归，闭锁原因消失后，保护装置自动运行。

第三节　厂用电系统的运行

一、6 kV 系统运行方式

(一) 正常运行方式

(1) 机组正常运行时，6 kV 厂用 7A(8A)、7B(8B)段母线分别由本机＃7(8)A、＃7(8)B

高压厂用变压器供电。

(2) 6 kV 厂用 7A、7B、8A、8B 段备用电源 67A01、67B01,68A01、68B01 开关均处于热备用状态。

(3) 发电机停止运行期间或在并列及解列前,机组 6 kV 厂用母线由＃04A/B 启动变压器供电。当发电机并网且运行稳定后,有功负荷在 90 MW 以上时,将 6 kV 厂用母线电源由启动变压器供电切至本机组高压厂用变压器供电。

(4) 6 kV 系统为中电阻接地系统,当 6 kV 设备发生接地故障时,保护动作信号发出,相应的断路器被断开;当高压厂用变压器高压侧单相接地时,保护动作信号发出,变压器高低压侧开关被断开。

(二) 6 kV 厂用母线电源的正常切换

(1) 在 6 kV 厂用电母线的工作电源与备用电源相互切换时,在 500 kV 系统、220 kV 系统电压满足同期条件的情况下,通过快切装置,采用同期方式自动切换。

(2) 在 500 kV 系统、220 kV 系统电压不能满足同期条件的情况下,可通过快切装置采用残压切换方式进行切换。

(3) 6 kV 厂用电的正常切换应在 DCS 画面上进行操作,禁止将 6 kV 母线的两个电源长时间并列运行。

(4) 当启动变压器给两台机组厂用电供电时,要加强监视启动变压器各参数,防止启动变压器过负荷。

二、380 V 系统运行方式

(1) 每台机组设有 A、B 两台锅炉变压器、汽机变压器、除尘变压器及相应的 A、B 两段 380 V 母线,两段母线间均设有母线联络开关,正常情况下,各段母线分别由各自变压器供电,母线联络开关热备用,备用电源装置的启动方式为自动方式。

(2) 每台机组各设一台公用变压器及一段 380 V 公用段母线,两台机组相应两段公用母线间设母线联络开关。正常情况下,两段母线分别由各自变压器供电,母线联络开关热备用,备用电源装置的启动方式为自动方式。

(3) 每台机组各设一台检修、照明变压器及相应的一段 380 V 母线,两台机组相应两段母线间设有母线联络开关和母线联络闸刀。正常情况下,各段母线分别由各自变压器供电,母线联络闸刀处于合闸状态,母线联络开关处于热备用状态, 系统不设置备用电源自投装置。

(4) 每台机组各设一台灰库变压器、除灰变压器、渣仓变压器及相应的一段 380 V 母线,两台机组相应两段母线间设有母线联络开关,正常情况下,各段母线分别由各自变压器供电,母线联络开关热备用, 系统不设置备用电源自投装置。

(5) 每台机组各设一台厂前区变压器及一段 380 V 母线,相应两段母线间设母线联络开关和母线联络闸刀。正常情况下,两段母线分别由各自变压器供电,母线联络开关正常热备用,系统不设置备用电源自投装置。

(6) 照明变压器正常运行时，自动调压装置处于全自动方式，控制箱上的自动/手动开关置于自动位置，控制箱通过比较采样电压和设定电压的高低，自动发出上升或下降指令来调整电压。

(7) 事故照明段母线有两路电源，正常情况下，由本机 380 V 照明段供电，照明段发生失电时，自动切换到由本机保安 B 段母线的事故照明变压器供电。集控室和柴油发电机房还安排有 220 V 直流照明母线，分别由 220 V 直流 A、B 段母线供电。

(8) 380 V MCC 段配电屏为单电源供电时，分别由相应 380 V 母线供电。380 V MCC 段为双电源供电时，MCC 屏可以采用任意一路电源供电，选一路作为工作电源，另一路作为备用电源。对于双电源的 MCC 段母线，MCC 段母线工作与备用进线刀闸全部合闸，开关在工作位置，远方/就地开关置于“远方”。

(9) 保安段运行方式

① 每台机组设有 A、B 两段保安母线，供本机组交流事故负荷和主厂房事故照明用，每段保安母线有三路电源，即工作电源、备用电源及柴油发电机组保安电源。工作电源分别由本机 380 V 汽轮机 A、B 段母线供电，备用电源分别由本机 380 V 锅炉 B、A 段母线供电，柴油发电机组保安电源则分别由柴油发电机出口的 97(98)开关和柴油发电机保安电源进线开关供电。

② 在正常运行时，保安 A、B 段的工作电源进线开关处于合闸状态，保安母线由工作电源供电，备用电源进线开关及柴油发电机保安进线及出口开关均处于热备用状态。

③ 保安电源的正常切换是利用柴油发电机组的馈线断路器和交流事故保安段上的工作电源进线断路器相互连锁实现的。当保安段工作电源发生失电跳闸时，同时发出备用电源合闸信号及启动柴油发电机信号。当备用电源合闸成功时，柴油发电机退出运行。当备用电源合闸失败，则应发出柴油发电机电源开关合闸命令，柴油发电机组电源开关合闸后，应按要求时间带满载负荷。当保安段母线电压发生失压时，经 3～5 s 的延时(躲开继电保护和备用电源自动动作时间)，通过保安段母线电压监视继电器及辅助继电器的联动，同时发出工作电源跳闸、备用电源合闸信号及启动柴油发电机信号。当备用电源合闸成功，则柴油发电机退出运行。当备用电源合闸失败，则发出柴油发电机电源出口开关合闸命令。柴油发电机组自动启动成功后，保安电源分两级供电，柴油发电机组接到启动指令后 10 s 内发出首次加载指令，允许首次加载不小于 50％额定容量的负载(感性)。在首次加载后的 5 s 内再次发出加载指令，允许加载至满负载(感性)运行。

④ 当保安段工作电源或备用电源恢复后，在柴油发电机组控制屏上手动同期将保安段负荷切换至工作电源供电或备用电源供电，切换正常后，将柴油发电机控制屏切换开关切至“自动”位置。柴油发电机组接到由集控室 DCS 发出的停机指令后自动解列，机组空载运行 5 min 后自动停止，再次转入热备用状态。

⑤ 当脱硫失电时，发出启动柴油发电机命令，接在柴油发电机段的脱硫馈线开关长合。当柴油发电机收到启动命令后，启动柴油发电机，同时发出启动成功命令给脱硫程控，由脱硫程控发出延时(如 20 ms)命令，合脱硫侧的保安进线开关。

⑥ 脱硫恢复供电后，由脱硫程控发出停止柴油发电机命令，柴油发电机收到命令后，确

认 DCS 也已处于可停柴油发电机状态,即柴油发电机确定收到两个停止命令后才可停机,同时送出反馈信号。

⑦ 集控室控制盘上柴油发电机紧急启动按钮带有跳闸功能,任何人不得随意触摸,该按钮仅当本机组 380 V 厂用电全部断电或保安 A、B 段的工作和备用电源同时断电,柴油发电机不能自启动时,为保证安全停机,用于手动紧急启动柴油发电机(当保安 A、B 段单段母线同时失去工作备用电源时,如柴油发电机不能自启动,不得使用该按钮启动柴油发电机)。

三、6 kV 断路器及 PT 装置

(一) 设备概况

(1) 6 kV 厂用电源系统向 2×600 MW 机组所有辅机设备提供启动、正常运行和停机的电力。6 kV 采用户内交流金属封闭铠装移开式 P/V-1 和 P/VⅡ-7.2(J.R)型开关设备,开关分别为美国通用电气公司制造的 VB1 型真空断路器(弹簧操作机构)和 F-C 型真空接触器。

(2) P/VⅡ-7.2(J.R)型真空接触器(F-C 开关)用于 1 200 kW 及以下电动机和 1 600 kV·A 及以下变压器控制保护设备。

(3) 为防止结露,开关机构箱配有电加热设备。

(4) 6 kV 开关装有五防闭锁装置,操作时应检查开关各闭锁装置是否完好,未经批准任何人不得擅自解除闭锁装置强行操作,停用闭锁装置或解锁须经总工程师批准方可执行,并履行审批签字手续。

(5) 6 kV 断路器配有近控、遥控选择开关。近控时,断路器只能在试验位置拉、合闸;遥控时,断路器则能在试验位置或运行位置拉、合闸。

(6) 每台发电机组均配有两套 6 kV 开关装置,作为 6 kV 厂用 7A、7B 和 8A、8B 母线工作电源进线开关或备用电源进线开关。

(7) 6 kV 母线工作电源进线断路器与备用电源进线断路器均设有快切装置,可以进行相互切换操作。厂用电的正常与事故切换都由快切装置来完成。

(8) 6 kV 厂用母线工作和备用电源断路器容量均为 1 000 MV·A,并设有 WDZ-410 微机综合保护。6 kV 母线高压厂用变压器 6 kV 侧断路器设有 WDZ-440 系列微机综合保护。电动机负载断路器设有 WDZ-430、WDZ-431 系列微机综合保护。

(9) 6 kV 母线均配有 WDZ-491 低电压保护。保护动作后,按整定时限切除所有电动机负载。

(二) 6 kV 断路器位置、状态与闭锁

(1) 6 kV 断路器正常时具有三个位置和四个状态。

① 检修位置:小车开关由仓内拉出仓外,一次触头和二次控制柜内所有小开关、保险均断开。

② 试验位置:小车开关推入仓内试验位置,一次触头断开,二次控制柜内所有小开关、保险根据需要可以断开,也可以接通。在试验位置,做热机、电气保护传动试验,选择开关应

放“调试”。

③ 工作位置：小车开关推入仓内，一次触头和二次控制柜内所有小开关、保险均合上。

④ 运行状态：小车开关在“工作”位置，开关在合闸状态。

⑤ 热备用状态：小车开关在“工作”位置，开关在分闸后状态。

⑥ 冷备用状态：小车开关在“试验”位置，开关在分闸后状态，控制回路均断开。

⑦ 检修状态：小车开关在“检修”位置，根据检修要求，合上开关负荷侧接地闸刀。

(2) 开关(接触器)闭锁

① 不同额定值不同型号的开关小车不能推入其他开关间隔内。

② 接地闸刀合闸后，才能打开开关后柜门。

③ 开关后柜门打开，接地闸刀不能分闸。

④ 接地闸刀合闸，开关小车不能进入“工作”位。

⑤ 开关小车不在“工作”或“试验”位，开关不能合闸。

⑥ 开关小车在“工作”或“试验”位，开关合闸，小车不能移动。

⑦ 真空开关小车在“工作”或“试验”位之间移动或从柜内进出时，开关储能的合闸弹簧自动释能。

⑧ 开关小车在“工作”位，接地闸刀不能合闸。

⑨ F-C 小车开关在工作位，开关前柜门打不开。

(3) 开关柜二次小开关编号、名称及位置对照如表 7-5 所列。

表 7-5　开关柜二次小开关编号、名称及位置对照表

序号	二次小开关编号	名　称	位　置
1	Q11	合闸控制电源开关	6 kV 所有开关柜(PT 除外)
2	Q12	分闸控制电源开关	6 kV 所有开关柜(PT 除外)
3	Q13	加热除湿电源熔断器	6 kV 所有开关柜
4	Q14	开关柜照明电源熔断器	6 kV 所有开关柜
5	Q15	通风机电源熔断器	6 kV 工作、备用进线开关柜
6	Q21、Q22、Q23	PT 二次电压小母线至各柜的熔断器	6 kV 备用进线开关、6 kV 电动机、高压厂用变压器开关柜
7	Q4	PT 小车位置指示电源开关	PT 柜
8	Q5	6 kV 母线 PT 综合保护电源开关	PT 柜
9	Q7	6 kV 备用电源进线 PT 综合保护电源开关	PT 柜
10	Q11	本段直流 110 V 小母线进线开关	6 kV 工作进线 PT 柜
11	Q31	本段交流 380 V 小母线进线开关	6 kV 工作进线 PT 柜
12	F1、F2、F3	PT 二次熔断器	PT 柜
13	Q15、Q16、Q17	6 kV 电动机加热器熔断器	6 kV 电动机柜

(三) 6 kV 断路器停送电操作

(1) 6 kV 断路器送电操作步骤。

① 接收操作命令。

② 检修工作全部结束，工作票全部终结。

③ 核对设备断路器名称及编号，确认间隔位置是否正确，拆除安全措施。

④ 断路器已断开，合闸弹簧储能已释放掉。

⑤ 将控制方式断路器切至“就地”位置，合上分闸控制电源小开关。

⑥ 合上断路器电压测量电源小开关。

⑦ 综合保护装置完好，显示正常。

⑧ 插入摇手柄，将小车开关摇到工作位置。

⑨ 合上合闸控制电源及其他小开关，开关储能良好。

⑩ 将控制方式开关切至“远方”位置。

(2) 6 kV断路器停电操作步骤

① 接收操作命令。

② 确认操作断路器位置，核对断路器名称及编号。

③ 断路器已断开，绿色指示灯亮。

④ 将控制方式开关切至“就地”位置，拉开合闸控制电源小开关。

⑤ 小车开关摇到“试验”位置。

⑥ 拉开断路器所有控制电源小开关。

⑦ 根据要求做好安全措施。

(3) 6 kV母线PT的送电操作步骤

① 母线PT一次触头完好。

② 母线PT一次保险完好。

③ 将母线PT推至工作位置。

④ 装上母线PT的二次保险。

⑤ 装上加热、照明保险。

⑥ 解除6 kV母线工作、备用进线断路器的快切装置闭锁。

⑦ 投入6 kV母线所有电动机负荷的欠电压保护开关。

(4) 6 kV母线PT的停电操作步骤

① 退出6 kV母线所有电动机负荷的欠电压保护开关。

② 6 kV母线工作、备用进线断路器的快切装置处于闭锁状态。

③ 拆下母线PT的二次保险，拆下加热、照明保险。

④ 将母线PT拉至试验位置。

(5) 6 kV断路器运行中的检查及运行维护

① 6 kV断路器投运前检查项目

a. 断路器检修工作票已终结。

b. 断路器所属电气回路中的接地线已拆除，接地闸刀已拉开。

c. 断路器小车、断路器柜内无杂物，周围无遗留工器具。

d. 断路器报警、闭锁、保护装置及控制回路完好。

e. 断路器小车的套管清洁、无裂缝。

f. 断路器本体各触头完好，测量断路器各触头间及对地绝缘良好。

g. 测量所带负荷及电缆的绝缘良好。

h. 手动储能、分合闸操作及指示正常。

i. 将手车断路器放至开关柜内隔离/试验位置，关上并锁好柜门。

② 6 kV 断路器运行中检查项目

a. 各仪表指示正常，无异常报警。

b. 断路器指示灯正确。

c. 切换母线电压表，三相电压应平衡。

d. 运行中的断路器应放“遥控”位置。

e. 处于试验位置的断路器，二次断开触头应接通(根据热工与电动机加热器要求)。

f. 配电柜加热器电源投用。

g. 在运行电压下，设备不允许出现外部放电现象，可根据噪声、辉光等现象来判断。

h. 停送电时，断路器触头完整无损坏、断路器各部绝缘合格。

(四) 380 V 断路器及 PT 装置

380 V 厂用电系统配电装置包括：动力电源中心(PC)和电动机控制中心(MCC)。380 V 厂用电开关柜均采用金属封闭抽屉式开关柜，380 V PC 段上均使用框架式空气断路器，380 V MCC 段进线开关和大容量负荷均采用塑壳式空气断路器加接触器型式，小容量电机则没有塑壳式空气断路器，只有接触器。

(1) 380 V MCC 采用塑壳式空气断路器(空气开关＋接触器)即抽屉开关的操作。

① 送电操作步骤

a. 空气开关在断开位置。

b. “远方/就地”切换开关在“就地”位置。

c. 合上抽屉开关内控制电源小空气开关。

d. 将抽屉开关推至“工作”位置。

e. 位置指示正确。

f. 合上空气开关。

g. 开关柜上绿灯亮。

h. 储能灯指示正常。

i. 将“远方/就地”切换开关切至“远方”位置。

② 停电操作步骤

a. 开关柜上绿灯亮。

b. 将“远方/就地”切换开关切至“就地”位置。

c. 拉开空气开关。

d. 空气开关在断开位置。

e. 将抽屉开关拉至“隔离”位置。

(2) 380 V母线PT操作

① 380 V母线PT送电操作步骤

a. PT完好。

b. 合上PT一次开关。

c. 装上PT二次保险。

d. 母线电压正常。

e. 合上低电压保护电源。

f. 投入低电压保护压板。

② 380 V母线PT停电操作步骤

a. 取下低电压保护压板。

b. 拉开低电压保护电源。

c. 取下母线PT二次保险。

d. 拉开PT一次开关。

第四节　厂用电动机系统的运行

在每一台电动机外壳上,均应有原制造厂的额定铭牌。铭牌若遗失,应根据制造厂数据或试验结果由检修人员及时补上新铭牌。

一、电动机的运行方式

正常情况下,电动机长期运行时的参数应按制造厂规定运行。如无制造厂规定时,各部温升及温度参照表7-6执行(表7-6允许温升均按环境温度35 ℃计算)。电动机在任何运行情况下,均不应超出此温升,超出时迅速查明原因,汇报值长,停止电动机运行。

表7-6　电动机各部温升及温度

部位名称	允许温度/℃	允许温升/℃
定子(线圈、铁芯)	100	65
滑动轴承	80	40
滚动轴承	100	60

电动机可以在加载额定电压－5%～＋10%的范围内运行,其额定出力不变。

(1) 当电压低于额定电压时,电流可相应增加,但最大不应超过额定电流值的10%,并确保绕组、外壳及出风温度不超过规定值,否则应减出力。

(2) 电动机在额定出力运行时,相间不平衡电压不得超过额定值的5%,三相电流差不得超过额定值10%,且任何一相电流不得超过额定值,在电压不平衡运行期间,应密切注意电动机的发热与振动等情况。

二、电动机的操作、监视和维护

厂用电动机的停电操作、送电操作均应由运行人员完成，电动机及所带机械设备须停电检修时，应按规定办理工作票手续。

（一）电动机启动前的检查

(1) 检查电气检修工作票是否终结，有关临时接地线是否拆除，电动机一、二次回路是否良好，保护装置投入是否正确。

(2) 电动机及机械传动部分或其附近应无杂物和无人工作。

(3) 电动机及电缆外壳接地线应完整牢固，电动机电缆头保护罩、风叶及风叶罩完整牢固。

(4) 电动机及所属机械设备完整，附近无妨碍启动的情况。

(5) 轴承和启动装置中的油位正常，油盖盖好，如轴承系强制供油循环或用水冷却，则应将油压调至正常值，将冷却水系统投运。

(6) 对直流电动机，整流子表面良好，电刷接触紧密。

(7) 启动盘车，电动机动、静部分无摩擦，机械部分无卡涩现象。

(8) 电机外壳及地脚螺丝无松动。

(9) 测量电动机线圈的绝缘电阻应合格。

(10) 电动机机械部分无卡涩现象，靠背轮能盘动(小容量电动机)。

(11) 打开外部引入冷空气的阀门，运行电动机空气冷却器的冷却水系统。

（二）电动机的启动规定

(1) 电动机的启动一般应采用DCS遥控启动(只能就地启动的电动机例外)。

(2) 电动机启动次数规定：

① 鼠笼式转子电动机在冷、热态下允许连续启动的次数，应按制造厂规定进行。

② 如制造厂无规定时，应按下列规定执行：正常情况下，鼠笼式转子电动机连续启动次数一般允许冷态启动两次(每次间隔不得少于5 min)，允许热态启动一次，只有在事故处理时以及启动时间不超过2～3 s的电动机可以启动三次。

③ 正常情况下或当进行动平衡试验时，电动机启动的时间间隔为：

a. 200 kW以下的电动机，不应小于0.5 h。

b. 200～500 kW的电动机，不应小于1 h。

c. 500 kW以上的电动机，不应小于2 h。

(3) 电动机状态定义

① 凡电动机停转时间等于或大于30 min者即为冷态。

② 电动机启动电流返回或停转时间小于30 min为热态。

三、电动机的运行巡视和检查

电动机运行时应监视电动机的定子电流是否超过允许值，超过时应汇报值长，减小电动机出力，经采取措施无效后，应停止电动机运行并对其进行检查。

监视电动机各部温升及温度，如无铭牌及规定，则按表 7-6 数据运行。

四、电动机的运行检查项目

(1) 电机及各轴承运行正常，无异常声音、过热情况。

(2) 用手触摸电动机外壳、轴承温度正常。

(3) 电动机运行时的振幅不得超过表 7-7 所示数值。

表 7-7 电动机运行时的振幅限值

额定转速/(r/min)	3 000	1 500	1 000	750 及以下
双振幅/mm	0.05	0.085	0.10	0.12

(4) 观察轴承是否漏油及轴承内油量是否正常，油环旋转状况是否正常。

(5) 轴承的润滑油及温度正常，对强力润滑的轴承，其油系统和冷却水系统运行正常，无渗漏现象。

(6) 电动机及其周围温度不应超过规定值，保持电动机附近清洁、无杂物。

(7) 由外部引入空气冷却的电动机，保持管道清洁畅通、进口滤网清洁、风扇运转正常、连接处严密、闸门在正确位置。

(8) 电动机的电缆接头无过热及放电现象。电动机外壳接地良好，接地线牢固。遮拦及防护罩完整，地脚螺丝无松动。

(9) 按时记录电动机各表计指示、启停时间及所发现的一切异常现象。

(10) 备用中的电动机应定期检查，保证能随时启动。

(11) 电动机空间加热器开关控制方式在“自动”位，加热器在退出状态。

第五节 直流电源系统的运行

一、直流电源系统概述

每台机组 110 V 直流电源系统设三台直流充电器，正常＃1、＃2 工作，＃0 备用。两台机组的 220 V 直流电源系统设三台充电器，正常＃1、＃2 工作，＃0 备用。110 V、220 V 直流母线 A、B 段之间设有联络闸刀，可以互为备用，正常运行时，禁止两端母线的两组蓄电池长期并列运行。

110 V 蓄电池组供给本台机组热工、控制、信号、继电保护和自动装置等负荷使用。220 V 蓄电池组供给本台机组直流油泵、事故照明、UPS 等负荷使用。

每台机组设两组 110 V 阀控式密闭铅酸蓄电池，设一组 220 V 阀控式密闭铅酸蓄电池，蓄电池组均不设端电池。110 V 蓄电池采用 GFM-1000AH 型阀控式密闭铅酸蓄电池，110 V 蓄电池每组 52 只，容量为 1 000 Ah。继电器室 110 V 蓄电池每组 52 个，容量为 600 Ah。

220 V 蓄电池采用 GFM-2000AH 型阀控式密闭铅酸蓄电池，每组 104 个，容量为 2 000 Ah。

每台机组 110 V 直流电源系统和两台机组的 220 V 直流电源系统各配有一套 WZJ3000 型微机直流接地监察装置，用于绝缘及电压监察。

二、直流电源系统的运行监视与维护

(一) 直流电源系统的运行方式

1. 直流电源系统的正常运行方式

(1) 正常情况下，充电器带全部直流负荷运行，并提供蓄电池组 0.5～1 A 浮充电流，以补偿蓄电池组的自放电，蓄电池组正常处于浮充运行方式，充电器一般投自动稳压方式。

(2) 110 V 直流电源系统正常运行方式为：#1 充电器带 A 段直流母线上的负荷及对 #1 蓄电池组浮充电流，#2 充电器带 B 段直流母线上的负荷及对 #2 蓄电池组浮充电流，#0 充电器备用。A、B 段分段运行，联络闸刀在断开位置。充电器的交流电源分别取自本机 380 V 保安段母线。

(3) 220 V 直流电源系统正常运行方式为：每台机组充电器正常运行在本机组直流母线上，带本机负荷及对蓄电池进行浮充，即 #1 充电器带 A 段(#7 机)直流母线上的负荷及对 #1 蓄电池组浮充，#2 充电器带 B 段(#8 机)直流母线上的负荷及对 #2 蓄电池组浮充，#0 充电器备用。A、B 段分段运行，联络闸刀在断开位置。充电器的交流电源分别取自 #7、#8 机 380 V 保安段母线。

2. 直流电源系统的非正常运行方式

(1) #1(#2)充电器故障或检修时，启动 #0 充电器带 A(B)段直流母线及 #1(#2)蓄电池组，两段母线仍分段运行。

(2) #1(#2)充电器故障或检修且 #0 充电器又不能启动，由 #2(#1)充电器通过联络开关带 A(B)段直流母线负荷时，须停运 A(B)段蓄电池组并加强监视总直流负荷，防止工作充电器超载。

(3) #1(#2)蓄电池因故退出运行时，用 #2(#1)蓄电池组带两段直流母线运行，合上 A、B 段直流母线联络开关，只允许一台充电器长期运行，不允许两台充电器长期并列运行。

(4) 充电器均因故不能使用时，由蓄电池组带正常负荷运行，此时应注意其容量及负荷电流，110 V 直流母线电压不能低于 99 V，220 V 直流母线电压不能低于 198 V，以防蓄电池组过放电。

(二) 直流电源系统的运行监视和检查

(1) 正常运行时，控制直流母线电压应保持在 110～120 V 范围内。动力直流母线电压应保持在 225～240 V 范围内。

(2) 充电器的输入电压为(380±20%)V，充电器输出应满足母线电压及对蓄电池浮充电流的要求。

(3) 蓄电池组在浮充电运行状态下，应保持每个蓄电池的电压在 2.15～2.20 V 之间。蓄电池组定期充、放电及维护工作由检修专职人员进行。

(4) 直流母线各有一套 WZJ3000 型微机直流接地监察装置,用来监视该母线对地绝缘情况,当绝缘能力降低到一定值时,"直流母线绝缘能力降低"信号发出,应及时查明原因,进行处理。

三、直流电源系统的操作

(1) 两直流电源并列,须有专业人员监护,且应符合下列条件:

① 两直流电源正、负极性相同。

② 两直流电源电压相等(允许差值 2~3 V)。

(2) 充电器的操作。

① 充电器的运行操作原则

a. 充电器柜上交流输入开关在断开位置。

b. 充电器柜上直流输出开关在断开位置。

c. 合上充电器交流电源开关。

d. 合上充电器交流输入开关。

e. 充电器直流电压升至额定电压值。

f. 合上充电器直流输出开关。

② 充电器的停用操作原则

a. 拉开充电器直流输出开关。

b. 拉开充电器交流输入开关。

c. 拉开充电器交流电源开关。

四、电池充电维护

(1) 合上母线开关。

(2) 当电池活化时,在试验活化开关上接 10 A 的负载,断开电池开关。合上活化开关即可进行电池活化。

(3) 活化过程中,如有单体电池电压低于 1.8 V 时则停止放电,关闭活化开关。

(4) 活化结束后合上充电开关,电池就进入充电状态。

(5) 充电转浮充电时按规定进行操作。

五、充电器柜运行检查项目

(1) 各部清洁良好。

(2) 充电器柜上的液晶显示屏与实际相符,显示值正确。

(3) 各发光二极管指示正确。

(4) 直流输出电流不超过额定值。

(5) 充电器柜内各元件运行良好不发热。

(6) 直流电源系统无接地报警信号出现。

第八章　机组事故处理

火电机组是由锅炉、汽轮机、发电机和相关辅机构成的一个不可分割的整体，其中任何一个环节故障都将引起整个机组的故障或事故。因此，为了提高电厂的效益，必须努力提高机组运行的可靠性，尽可能减少事故。

机组发生事故的原因很多，有的是由于设备设计、制造、安装和检测等方面的质量存在问题造成的，有的是由于运行人员的技术不熟练、疏忽大意，或对事故发生时的判断错误导致操作错误等造成的。这就需要运行人员根据事故前、后运行的情况，进行全面分析，查明根源，及时处理。

第一节　机组事故处理原则

一、事故处理的总原则

机组事故处理的总原则是“保人身、保设备、保电网”；消除事故根源，限制事故发展，并解除事故对人身和设备的威胁；在保证人身和设备安全的情况下，尽可能保持机组运行，尽量保证用户的正常用电；保证厂用电源的正常供给，防止事故扩大。

二、事故处理的一般原则

(1) 运行人员应及时根据操作员站上的报警、显示的参数和就地设备的运行情况判断出设备确已发生故障，并初步判明故障的原因、发展趋势和危害程度。

(2) 发生事故时，运行人员应沉着冷静，对机组工况进行全面分析，迅速找出故障点和事故根源，判断故障的性质和影响范围并进行正确、迅速处理。

(3) 迅速进行事故处理，首先消除对人身、电网和设备的威胁，以防止事故蔓延。

(4) 必要时可立即解列、停用或隔离故障设备，并确保非事故设备的正常运行。

(5) 排除故障时，动作应迅速、正确。

(6) 当发生本教程以外的事故及故障时，值班人员应根据自己的经验做出正确判断，主动采取对策，迅速进行处理，并及时向上级有关部门汇报。

第二节　锅炉事故处理

火电厂事故有相当大一部分是由于锅炉事故引起的。统计表明，锅炉方面的事故约占火电厂非计划停运事故总小时数的一半。因此，为了提高电厂的效益，必须努力提高锅炉运行的可靠性，减少事故。

锅炉发生事故的原因很多，如设备设计、制造、安装和检测的质量不良，锅炉运行人员的技术不熟练、疏忽大意以及事故发生时的判断错误和操作错误等。锅炉运行人员的责任是积极预防事故，避免锅炉事故的发生，确保锅炉安全稳定运行。

一、锅炉事故的种类

按造成事故的原因来分，锅炉事故一般可分为设备事故和人员责任事故两大类。

设备事故又包括锅炉设备本身故障使锅炉丧失运行能力和由于电网系统、厂用电系统、热工控制系统、压缩空气系统、发电机、汽轮机等设备故障或连锁、保护装置误动，造成锅炉局部或全部丧失运行能力两种。

人员责任事故按事故性质又可分为责任性事故和技术性事故两种。责任性事故是由于锅炉运行人员监视疏忽、错误操作或未经全面分析便草率做出错误判断和处理所造成的事故。技术性事故是由于锅炉运行人员对设备特性不掌握、操作规程不熟悉或操作技能不熟练而造成的事故。因此，对于责任性事故，应着重加强对锅炉运行人员的主人翁责任感教育，而对于技术性事故，则应从加强技术培训着手。

二、锅炉典型事故处理

600 MW 超临界直流锅炉的常见事故主要有以下几种：MFT 动作，RB 动作，锅炉过热蒸汽压力异常，锅炉过热蒸汽温度异常，锅炉再热蒸汽压力异常，锅炉再热蒸汽温度异常，锅炉给水流量低，锅炉汽水分离器温度高，水冷壁、省煤器、过热器、再热器泄漏，尾部烟道二次燃烧，锅炉结焦，过热器、再热器管壁超温等。

(一) MFT 动作

发生 MFT 动作的主要原因有：手动 MFT；机组、设备故障或误操作导致主保护动作；热工元件故障或保护误动作；锅炉主保护或机组连锁保护动作。

1. 现象

(1) 事故音响报警，FSSS 显示 MFT 首出原因。

(2) 相应设备、阀门动作。

(3) 机组负荷到零。

(4) 炉膛灭火，火焰监视器看不到火焰。

(5) 炉膛负压，烟道各点负压增大。

2. 处理方法

发生 MFT 动作的处理方法如下：

(1) 检查所有运行的磨煤机、给煤机、一次风机、密封风机是否跳闸，检查燃油快速关断阀、各油角阀是否关闭，一、二级减温水电动门、事故减温水电动门是否关闭。如果上述设备和阀门不联动，要用手动操作使其动作。

(2) 检查所有运行的汽动给水泵是否跳闸，电动给水泵是否自启，否则手动操作使其动作；并保持适当的给水流量对锅炉进水。

(3) 检查炉膛负压自动监控装置是否正常，如不正常应解除自动，用手动操作进行调节，防止炉膛负压超限引起送、引风机跳闸；如果由于送、引风机跳闸，引发 MFT 动作，则应立即采用自然通风。

(4) 锅炉过热蒸汽压力超过 PCV 阀动作值时，如 PCV 阀不动作，要用手动起跳 PCV 阀泄压。

(5) 调整合适的风量和炉膛负压进行炉膛吹扫。炉膛吹扫完毕，复位跳闸设备。

(6) 加强监视锅炉排烟温度和热风温度，防止尾部受热面发生再燃烧。

(7) 配合有关人员查找 MFT 动作原因，排除故障后做好再次启动的准备。

(8) 如短时间内锅炉不具备再次启动条件，则按正常停炉处理。

(二) RB 动作

RB 动作是指当机组重要辅机发生故障时，辅机出力不能满足机组当前负荷要求，机组自动把负荷快速降至辅机最大出力以下的控制措施。

1. 现象

(1) RB 动作报警。

(2) 故障跳闸设备指示灯闪烁。

(3) 部分制粉系统跳闸。

(4) 机组负荷快速降到 50%额定负荷。

2. 原因

(1) 两台汽动给水泵运行，其中一台跳闸。

(2) 两台送风机运行，其中一台跳闸。

(3) 两台引风机运行，其中一台跳闸。

(4) 两台一次风机运行，其中一台跳闸。

(5) 两台空气预热器运行，其中一台跳闸。

(6) 五台磨煤机运行，其中两台跳闸。

3. 处理方法

发生 RB 动作的处理方法如下：

(1) RB 动作后(一次风机跳闸除外)，检查一次风机的工作情况，如一次风机未发生喘振，尽快用手动减小两台一次风机的出力，将一次风压调至正常值后投入自动控制。如一次风机已发生喘振但仍能维持磨煤机运行时，监视一次风机工作情况，在煤水比、水冷壁温度及中间点温度稳定后，再用手动减小两台一次风机的出力，逐渐消除一次风机的喘振，最终保持两台一次风机出力基本一致，然后投入自动控制。

(2) 投入跳闸磨煤机消防蒸汽，严密监视水冷壁温度变化情况。

(3) 一台汽动给水泵 RB 动作后，应严密监视燃料量、给水量、煤水比的变化情况。如无异常，可不对燃料和给水进行人为干预；根据温度变化情况，适当调整给煤量维持水冷壁和中间点温度稳定。

(4) 送、引风机 RB 动作后，必须严密监视炉膛负压，并检查跳闸风机的有关风门、挡板的关闭情况。如未连锁关闭，则应立即用手动关闭。

(5) 一次风机RB动作后，应严密监视运行磨煤机的工作情况，并检查跳闸的一次风机的出口挡板关闭情况。如未连锁关闭，则应立即用手动关闭。

(6) 在机组负荷、燃料量、给水量均降至RB动作的设定值后，RB自动复位，在RB动作过程中，应根据主蒸汽压力的变化，进行定压/滑压运行方式的切换。

(7) 解除RB，将煤水比调至适当值，调整主蒸汽、再热蒸汽温度，调整主蒸汽压力，投入机组协调控制方式。

(8) 尽快启动跳闸磨煤机，以防止磨煤机内的存煤发生自燃而发生制粉系统爆炸。

(9) 一台空气预热器跳闸，对应侧的风机也联跳，则应按一台一次风机RB逻辑动作处理。

(三) 锅炉过热蒸汽压力异常

1. 现象

(1) 过热蒸汽压力偏离当前负荷对应的正常值。

(2) 过热蒸汽沿程温度异常。

(3) 当过热蒸汽压力偏高时，会发出过热器安全门动作信号和报警。

(4) 过热蒸汽流量可能不正常低于给水流量。

(5) 过热器安全门、高压旁路处有泄漏声，高压旁路减温器温度高或高压旁路减温水调节门开启。

(6) 如果过热蒸汽系统泄漏，则四管泄漏监测装置报警。

2. 原因

(1) 锅炉燃烧调整不当或过热蒸汽压力自动调整装置失灵。

(2) 过热蒸汽安全门、PCV阀误动启座或严重内漏造成过热蒸汽压力低。

(3) 高压旁路减压阀误开或严重内漏造成过热蒸汽压力低。

(4) 高压自动主蒸汽门或高压调节门故障，导致其不正常开大或关小。

(5) 过热蒸汽系统发生泄漏。

3. 处理方法

(1) 加强燃烧调整或将过热蒸汽压力切换成手动操作调整，保持过热蒸汽压力正常。

(2) 如PCV阀误动启座，应立即用手动强制回座，当强制回座无效或严重内漏无法恢复正常时，应请示停炉。

(3) 如汽轮机高压旁路减压阀误开造成过热蒸汽压力低，应立即手动关闭，当手动关闭无效时，应采取措施强制关闭，然后查找原因进行处理。如果高压旁路减压阀就地强制关闭无效或内漏严重无法处理，应请示停炉。

(4) 如高压自动主蒸汽门或高压调节门发生故障，应进行检修处理。

(5) 如过热蒸汽系统发生泄漏，则按“过热器泄漏”的原则进行处理。

(四) 锅炉过热蒸汽温度异常

1. 现象

(1) 报警器发出过热蒸汽温度过高或过低的报警。

(2) 过热蒸汽减温水调节门不正常地开大或关小。

2. 原因

(1) 煤水比严重失调。

(2) 过热蒸汽温度自动跟踪装置或手动调节不及时。

(3) 给水系统发生故障。

(4) 炉膛严重结焦或积灰。

(5) 在炉膛结焦和积灰严重的情况下进行吹灰。

(6) 煤质严重偏离设计值。

(7) 过热器减温水调节门发生故障。

(8) 过热蒸汽系统受热面或管道发生泄漏。

3. 处理方法

(1) 如因机组协调控制装置发生故障造成煤水比失调，应立即解除协调控制，根据当前负荷调整燃料量或给水量。为防止系统扰动加剧，当煤水比失调时，应尽量避免同时调整给煤量和给水量，当煤水比调整相对稳定后，再进一步调整负荷。

(2) 当炉膛工况发生大幅度扰动(如发生 RB 动作，或一个以上制粉系统发生跳闸)，而机组控制系统在协调状态下工作，且过热蒸汽温度采用自动控制方式时，应密切监视机组协调和过热蒸汽温度自动的工作状况，尽量不要手动干预，当协调控制装置或过热蒸汽温度自动控制装置工作不正常时，应果断地将协调控制装置和过热蒸汽温度自动控制切换成用手动进行操作调整。

(3) 当给水系统发生故障(如一台给水泵跳闸或高压加热器解列)，而机组控制系统在协调控制状态下工作，过热蒸汽温度用自动控制方式时，应密切监视协调和过热蒸汽温度自动的工作状况，尽量不要用手动干预，当协调控制装置或过热蒸汽温度自动控制装置工作不正常时，应果断地将协调控制装置和过热蒸汽温度自动控制切换成用手动进行操作调整。

(4) 当炉膛严重结焦和积灰造成过热蒸汽温度异常时，应及时进行炉膛和受热面吹灰；当吹灰器不能正常投入或吹灰器投入后仍不能清除结焦和积灰时，可对中间点温度进行修正或将给水自动控制切换成用手动操作控制；如经过吹灰和调整仍不能使过热蒸汽温度恢复正常，并且受热面金属温度超温，应申请停炉。

(5) 如在炉膛结焦或积灰严重的情况下进行吹灰，应密切监视受热面温度的变化和自动跟踪情况，必要时可适当降低过热蒸汽温度设定值，防止过热蒸汽温度超温。过热蒸汽温度自动控制系统不正常时，应将其切换成用手动进行操作调整。

(6) 当煤质发生变化时，应根据情况制定相应的燃煤混烧措施，对燃烧情况进行调整。

(7) 当过热器减温水调节门发生故障时，应将相应的减温水调节门由自动切换成用手动操作，并适当降低过热蒸汽温度，必要时可对中间点温度进行修正，或将给水自动控制切换成用手动操作控制，适当降低锅炉负荷的变化速度，防止过热蒸汽超温，及时对故障的减温水调节门进行检修处理。

(8) 当过热蒸汽系统受热面或管道发生泄漏时，应及时停炉处理。在特殊情况下，上级调度认为暂时不宜停炉的，如协调控制系统和过热蒸汽温度自动控制装置不能正常工作时，应将其切换成用手动操作调整，并适当降低过热蒸汽温度。如受热面或管道泄漏严重，造成过热蒸汽温度和受热面金属温度严重超温，经调整无效，应立即停止锅炉运行。

(9) 经处理后，如过热蒸汽温度仍无法控制，应请示停炉。

(五) 锅炉再热蒸汽压力异常

1. 现象

(1) 再热蒸汽压力偏离当前负荷对应的正常值。

(2) 再热蒸汽沿程温度异常。

(3) 当再热蒸汽压力异常偏高时，发出再热器安全门动作信号和报警。

(4) 如果再热器安全门、高压旁路减压阀、低压旁路减压阀内漏，设备处有泄漏声，且减温器后温度高或减温水调节门开启。

(5) 如再热蒸汽系统发生泄漏，则四管泄漏监测装置报警。

2. 原因

(1) 再热器安全门误动起跳(启座)或内漏造成再热蒸汽压力低。

(2) 低压旁路减压阀误开或严重内漏造成再热蒸汽压力低。

(3) 高压旁路减压阀误开或严重内漏造成再热蒸汽压力高。

(4) 汽轮机高压缸自动主蒸汽门或调节汽门故障，中压缸自动主蒸汽门或调节汽门关小或关闭造成再热蒸汽压力高。

(5) 再热蒸汽系统发生泄漏。

(6) 汽轮机抽汽系统发生异常。

3. 处理方法

(1) 当再热器安全门误动启座时，应立即查找原因进行处理；如果再热器安全门无法关闭或严重内漏无法恢复正常，应请示停炉处理。

(2) 如果低压旁路减压阀误开，应立即手动关闭，手动关闭无效应到实地强制关闭，然后查找原因进行处理；如果低压旁路减压阀实地强制关闭无效或内漏严重无法处理，应请示停炉处理。

(3) 如果高压旁路减压阀误开，应立即手动关闭，手动关闭无效应到实地强制关闭，然后查找原因进行处理，如果高压旁路减压阀实地强制关闭无效或内漏严重无法处理，应请示停炉处理。

(4) 当汽轮机高压缸或中压缸调节门或主蒸汽门发生故障时，应进行检修处理。

(5) 当再热器系统发生泄漏时，按“再热器损坏”进行处理。

(6) 当汽轮机回热抽汽系统发生异常时，按“加热器故障”进行处理。

(六) 锅炉再热蒸汽温度异常

1. 现象

(1) 报警器发出再热蒸汽温度过高或过低报警。

(2) 再热器减温水调节门不正常地开大或关小。

2. 原因

(1) 炉膛工况发生大幅度扰动，再热蒸汽温度自动控制装置失灵或手动调节不及时。

(2) 炉膛严重结焦或积灰。

(3) 在炉膛结焦和积灰严重的情况下进行吹灰。

(4) 煤质大幅偏离设计值。

(5) 再热器减温水调节门发生故障。

(6) 喷燃器损坏、风门挡板损坏或炉膛配风不合理。

3. 处理方法

(1) 当炉膛工况发生大幅度扰动时(如发生 RB 或一个以上制粉系统发生跳闸)，如再热蒸汽温度在自动控制方式下运行，应密切监视自动控制的工作状况，尽量不要用手动干预。当再热蒸汽温度自动工作不正常时，应果断地将再热蒸汽温度自动控制切换成用手动进行操作调整。

(2) 当炉膛严重结焦和积灰造成再热蒸汽温度异常时，应及时进行炉膛和受热面吹灰。当吹灰器不能正常投入或吹灰器投入后仍不能清除结焦和积灰时，在减温水调节门全开或全关后，经过燃烧调整仍不能使再热蒸汽温度恢复正常，并且受热面金属温度超温，应申请停炉处理。

(3) 如在炉膛结焦和积灰严重的情况下进行吹灰，应密切监视受热面温度的变化和再热蒸汽温度自动跟踪情况，必要时可适当降低再热蒸汽温度设定值，防止再热蒸汽温度超限。如再热蒸汽温度自动跟踪装置不正常时，应将其切换成用手动进行操作调整。

(4) 当煤质发生变化时，应根据情况制定相应的燃煤混烧措施，对燃烧进行及时调整。

(5) 当燃烧器摆动机构或减温水调节门发生故障时，应将再热蒸汽温度自动控制切换成用手动操作调整，并适当降低再热蒸汽温度标准。适当降低负荷变化速率，防止再热蒸汽超温。及时对发生故障的燃烧器摆动机构、减温水调节门进行检修处理。

(6) 如喷燃器损坏、风门挡板损坏造成炉膛配风不合理，应及时对损坏的喷燃器和风门挡板进行修理，调整炉膛配风；在故障设备未修理结束之前，应适当降低再热蒸汽温度设定值，适当降低负荷变化速率，防止再热蒸汽温度超温。

(7) 如经过处理，再热蒸汽温度仍无法控制，应申请停炉。

(七) 锅炉给水流量低

1. 现象

(1) 给水流量降低，给水压力降低。

(2) 过热蒸汽流量及机组负荷下降。

(3) 锅炉受热面工质温度上升。

(4) 给水流量低报警器、过热蒸汽温度超限报警器等发出报警。

2. 原因

(1) 给水泵发生跳闸，锅炉给水自动跟踪不良或运行给水泵出力不能满足当前给水流量。

(2) 给水管道、高压加热器发生泄漏。

(3) 给水阀门发生故障。

(4) 给水自动调节装置失灵。

(5) 机组负荷骤减或其他原因导致汽动给水泵汽源压力下降或中断。

3. 处理方法

(1) 如负荷高于额定负荷的50%,给水泵发生跳闸且RB动作,应密切监视给水自动装置的工作状况,尽量不要用手动进行干预。如自动装置失灵,则应果断地将自动控制切换成用手动操作,将运行给水泵流量加至最大,同时降低制粉系统出力或停止部分制粉系统,启动电动给水泵,尽量满足机组负荷。如负荷低于额定负荷的50%,给水泵发生跳闸且自动装置失灵时,应立即将给水自动切换成用手动操作,将运行泵给水流量增加至跳闸前的给水流量。

(2) 当给水管道发生泄漏时,如给水能保证锅炉安全运行,应根据情况适当降低负荷运行,并调整煤水比至正常,然后请示停炉处理;如高压加热器泄漏,应立即切除高压加热器,并根据给水温度降低的情况,逐渐降低给水流量;当给水管道或高压加热器发生严重泄漏,威胁设备及人身安全时,应立即停止锅炉运行。

(3) 当给水阀门发生故障时,如给水流量高于最低给水流量的保护动作值,应立即将负荷降低至对应给水流量负荷,待机组运行稳定后,进行检修处理。运行中如无法对发生故障的阀门进行处理,应请示停炉处理。

(4) 当给水自动装置工作不正常时,应立即将给水自动切换成用手动操作,调节给水泵转速,维持给水流量,并联系热工人员进行处理。

(5) 当机组负荷骤减或其他原因导致汽动给水泵汽源压力下降或中断时,给水流量未达到最低给水流量的保护动作值时,应立即启动电动给水泵增加给水流量,同时迅速调整给水流量或减少燃料量,维持煤水比正常。当给水流量低于最低给水流量的保护动作值,中间点温度达到保护动作值时,如MFT保护拒动或锅炉受热面严重超温,应立即用手操作启动MFT。

(八) 锅炉汽水分离器温度高

1. 现象

(1) 报警器发出启动分离器温度高报警。

(2) 启动分离器温度高于保护动作值,锅炉MFT保护动作。

2. 原因

(1) 机组协调控制系统运行不正常,值班员手动调整不及时造成煤水比严重失调。

(2) 给水泵跳闸或其他原因造成RB动作,自动跟踪装置失灵,或手动调整不及时造成煤水比严重失调。

(3) 机组升、降负荷速率过快,自动跟踪装置失灵或手动调整不及时。

(4) 投入油枪数量过多、过快。

(5) 炉膛严重结焦、积灰、煤质严重偏离设计值、燃烧系统非正常工况运行。

3. 处理方法

(1) 当发生机组协调系统故障造成煤水比失调时,应立即解除协调,根据启动分离器温度上升速率和当前负荷,迅速降低燃料量或增加给水量。为防止系统扰动加剧,当煤水比失调后,应尽量避免同时调整煤量和水量;当煤水比调整相对稳定后,再进一步调整负荷。

(2) 当给水泵跳闸或其他原因造成 RB 动作时,应立即解除自动调节,迅速将燃料量降低至 RB 动作的规定值,在启动分离器温度开始降低时,再逐渐减少给水流量至燃料对应值。

(3) 如机组升、降负荷速率过快,应适当将升、降负荷速率降低。为防止启动分离器温度过高,应加强监视启动分离器温度变化,并控制燃料增加和降低的速率。如大范围升、降负荷,应分阶段进行调整,在受热面和启动分离器温度相对稳定后,再进行下一阶段的调整。

(4) 在锅炉启动过程中,如由于制粉系统跳闸等原因需要投入油枪时,应注意油枪投入的速度不能过快,防止启动分离器温度过高。

(5) 当炉膛严重结焦、积灰时,应及时清理炉膛和受热面的结焦和积灰,对中间点温度进行修正或将给水控制切换成用手动操作控制。

(6) 当燃煤发生变化时,应制定对应的燃烧措施。

(7) 当燃烧系统非正常工况运行时,应加强燃烧调整,及时恢复制粉系统的正常运行方式。

(九) 水冷壁泄漏

1. 现象

(1) 四管泄漏检测装置发出报警。

(2) 如果水冷壁发生内漏,实地检查能听到炉膛内有异声;如果水冷壁发生外漏,实地检查能看到泄漏处冒汽、冒水。

(3) 给水流量不正常地大于蒸汽流量,机组负荷降低。

(4) 泄漏点后沿程温度升高,过热器减温水调节门不正常开大。

(5) 如水冷壁发生严重泄漏时,可能造成燃烧不稳,引风机电流增大和电除尘器工作不正常,特别严重时可能造成炉膛灭火。

(6) 除灰管道、空气预热器可能发生堵灰。

2. 原因

(1) 水冷壁管材质量存在缺陷或后期的制造、安装不合格。

(2) 锅炉给水的水质长期不合格或局部热负荷过高,使水冷壁管内结垢严重,造成管材腐蚀减薄或超温爆管。

(3) 部分水冷壁管内存在杂物堵塞、水冷壁管缩孔不当、水冷壁管焊口错位、水动力工况不正常等原因造成管内工质流量低。

(4) 喷燃器损坏、配风不合理、炉膛严重结焦等原因造成炉膛局部热负荷高,从而使部分水冷壁管内工质流量与管外热负荷不适应,形成管壁超温爆管。

(5) 炉膛内热负荷不均或水动力工况不正常,造成水冷壁管间温差过大。

(6) 炉膛内有大块焦咋脱落砸坏水冷壁管或炉膛发生严重爆炸使水冷壁管损坏。

3. 处理方法

(1) 水冷壁发生泄漏不严重时,给水流量能够满足机组负荷的需要,各水冷壁金属温度不超温,管间温差在允许范围,应加强监视各受热面沿程温度和水冷壁金属温度,及时汇报,并密切关注泄漏情况的发展,必要时降低机组负荷运行,做好申请停炉的准备工作。

(2) 在水冷壁泄漏处增设围栏并悬挂标示牌,防止汽水喷出伤人。

(3) 若水冷壁发生严重泄漏,泄漏点后工质温度急剧升高或管间温度偏差超过允许值,无法维持锅炉正常运行时,应立即用手动操作 MFT。

(4) 加强巡视检查,防止电除尘积灰,防止灰斗、管道及空气预热器堵灰等。

(5) 停炉后,应保持引风机运行。当不再有汽水喷出时,再停止引风机运行。

(十) 省煤器泄漏

1. 现象

(1) 四管泄漏检测装置发出报警。

(2) 实地检查能听到省煤器泄漏部位有异声。

(3) 如果省煤器泄漏严重,省煤器灰斗不严密处冒汽、冒水;省煤器、空气预热器、电除尘器灰斗、输灰管道可能堵灰,空气预热器可能积灰。

(4) 给水流量不正常地大于蒸汽流量,机组负荷降低。

(5) 省煤器泄漏点后沿程工质温度升高,减温水调节门不正常地开大。

2. 原因

(1) 省煤器管材质量存在缺陷或后期的制造、安装不合格。

(2) 省煤器管外壁磨损爆管。

(3) 锅炉给水的水质长期不合格,管子内部发生腐蚀使管壁减薄造成爆管。

(4) 省煤器处发生再燃烧,造成省煤器管超温损坏。

(5) 省煤器吹灰器安装位置不正确。

3. 处理方法

(1) 如果省煤器泄漏不严重时,给水流量能够满足机组负荷的需要,水冷壁金属温度不超温,应加强监视各受热面沿程温度,及时汇报,并密切关注泄漏情况的发展,必要时降低机组负荷运行,做好申请停炉的准备工作。

(2) 在省煤器人孔、灰斗处增设围栏并悬挂标示牌,防止汽水喷出伤人。

(3) 若省煤器泄漏严重,泄漏点后工质温度急剧升高,无法维持锅炉正常运行时,应立即用手动操作 MFT。

(4) 加强监视除灰系统和空气预热器的工作情况。

(5) 停炉后,应保持引风机运行。当不再有汽水喷出时,再停止引风机运行。

(十一) 过热器泄漏

1. 现象

(1) 四管泄漏检测装置发出报警。

(2) 实地检查能听到过热器泄漏部位有异声。

(3) 电除尘器工作可能不正常,除灰系统、空气预热器可能堵灰。

(4) 蒸汽流量不正常地小于给水流量,机组负荷降低。

(5) 过热器泄漏点后沿程工质温度升高,减温水调节门不正常地开大。

2. 原因

(1) 过热器管材质量存在缺陷或后期的制造、安装不合格。

(2) 过热器管外壁磨损减薄爆管。

(3) 蒸汽品质长期不合格,管内积盐造成管材长期超温爆管。

(4) 过热器产生热偏差,部分过热器管长期超温爆管。

(5) 过热器管内有杂物堵塞或焊口错位造成蒸汽流量低,超温爆管。

(6) 过热蒸汽温度自动跟踪装置失灵或过热器长期超温运行。

(7) 运行人员调整不当造成过热器进水或过热器严重超温。

(8) 过热器吹灰器位置不正确,吹坏管壁。

3. 处理方法

(1) 过热器泄漏不严重时,泄漏点后沿程工质温度能维持正常运行,应及时报告,并关注泄漏情况的发展,必要时降低机组负荷运行,做好申请停炉的准备工作。

(2) 在泄漏点人孔、检查孔处增设围栏并悬挂标示牌,防止蒸汽喷出伤人。

(3) 如过热器泄漏严重,泄漏点后工质温度急剧升高,无法维持正常运行或过热器金属温度严重超过允许温度,应立即停炉处理。

(4) 加强监视除灰系统和空气预热器的工作情况。

(5) 停炉后,应保持引风机运行。当不再有蒸汽喷出时,再停止引风机运行。

(十二) 再热器泄漏

1. 现象

(1) 四管泄漏检测装置发出报警。

(2) 实地检查能听到再热器泄露部位有异声。

(3) 电除尘器工作可能不正常,除灰系统、空气预热器可能堵灰。

(4) 再热蒸汽压力下降,机组负荷降低。

(5) 泄漏点后沿程工质温度升高。

2. 原因

(1) 再热器管材质量存在缺陷或后期的制造、安装不合格。

(2) 再热器管壁磨损减薄爆管。

(3) 蒸汽品质长期不合格,管内积盐造成管材长期超温运行发生爆管。

(4) 炉膛热负荷不均,再热器产生热偏差,部分再热器管长期超温运行发生爆管。

(5) 再热器管内有杂物堵塞或焊口错位,造成蒸汽通流量低,超温造成爆管。

(6) 再热蒸汽温度自动跟踪装置失灵或再热器长期超温运行,超温造成爆管。

(7) 减温水使用不当,造成再热器进水或再热器严重超温。

(8) 锅炉启动期间再热器干烧，烟气温度超过再热器管材许可温度，造成损坏。

(9) 再热器吹灰器位置不正确，吹坏管壁。

3. 处理方法

(1) 如果再热器泄漏不严重时，泄漏点后沿程工质温度能维持正常运行，应及时汇报，并关注泄漏情况的发展，必要时降低机组负荷运行。做好申请停炉的准备工作。

(2) 在泄漏点人孔、检查孔处增设围栏并悬挂标示牌，防止蒸汽喷出伤人。

(3) 如果再热器泄漏严重，泄漏点后工质温度急剧升高，无法维持正常运行或金属温度严重超过允许温度，应立即停炉处理。

(4) 加强监视除灰系统和空气预热器的工作情况。

(5) 停炉后，应保持引风机运行。当不再有蒸汽喷出时，再停止引风机运行。

(十三) 尾部烟道二次燃烧

1. 现象

(1) 锅炉空气预热器入口烟气温度或排烟温度急剧升高且超过正常值。

(2) 锅炉热风温度急剧升高且超过正常值。

(3) 若空气预热器发生二次燃烧，空气预热器发出热点监测报警，空气预热器入口烟气温度和出口热风温度差值降低，严重时甚至为负值，空气预热器电流不正常地摆动。

(4) 锅炉炉膛负压剧烈波动。

(5) 若省煤器发生再燃烧，省煤器出口给水温度不正常地升高。

(6) 再燃烧点附近人孔、检查孔、吹灰孔等不严密处向外冒烟，烟道、省煤器或空气预热器灰斗、空气预热器壳体可能会发生过热甚至烧红，再燃烧点附近有较强的热辐射感。

2. 原因

(1) 煤粉细度过粗、煤粉均匀度差、炉膛配风不合理、喷燃器损坏、炉膛氧量过低、省煤器和空气预热器灰斗堵塞发现不及时、省煤器和空气预热器长期不吹灰等，造成尾部烟道积聚煤粉。

(2) 锅炉启动时，燃油时间过长并且油枪雾化不好、油枪配风不合理、省煤器和空气预热器长时间不吹灰等，造成尾部受热面积聚油垢。

(3) 锅炉长时间煤油混烧或部分油枪内漏发现不及时，造成尾部烟道油垢粘连及煤粉大量沉积。

(4) 锅炉停炉前没有进行受热面全面吹灰操作。

(5) 锅炉烟风挡板关闭不严密，造成锅炉停炉后烟道内有空气流通。

3. 处理方法

(1) 锅炉运行中，如发生尾部烟道二次燃烧，应立即停止锅炉运行，停止送风机、引风机运行并关闭所有烟风挡板；密闭炉膛和烟道；用蒸汽吹灰器进行灭火。

(2) 如果省煤器发生再燃烧，应立即调整给水泵转速和流量，进行省煤器冷却操作，降低省煤器金属壁温至正常值。

(3) 如果省煤器处发生再燃烧，启动电动给水泵以150 t/h的流量进行上水冷却。

(4) 如果空气预热器发生再燃烧，且空气预热器能正常运行时，则要提升空气预热器扇形密封板，并收缩所有的密封装置，进行检修工作。如空气预热器发生卡涩，主驱动马达和辅助驱动马达均跳闸，除提升扇形密封板、收缩所有的密封装置及进行检修工作外，应启动空气预热器盘车设备，开启空气预热器蒸汽吹灰门，进行灭火工作。必要时开启空气预热器消防水门，利用消防水进行灭火工作。

(5) 当各人孔和检查孔不再有烟气和火星冒出时，关闭蒸汽吹灰门或消防水门，检查确认再燃烧熄灭后，开启烟道排水门，排尽烟道内的积水，然后开启烟风挡板，进行烟道通风工作。

(6) 炉膛经过全面冷却后，进入再燃烧处检查确认设备无损坏，将受热面积聚的可燃物彻底清理干净后，可重新进行锅炉启动操作。

(十四) 锅炉结焦

1. 现象

(1) 锅炉水冷壁、喷燃器和冷灰斗等处有焦渣聚集。

(2) 锅炉中间点温度、过热器出口蒸汽温度及沿程蒸汽温度、再热器出口蒸汽温度及沿程蒸汽温度、过热器减温水调节门或再热器减温水调节门开度不正常。

(3) 喷燃器发生严重结焦时，可造成燃烧不稳定，受热面金属温度偏差增大。

(4) 锅炉碎渣机出渣量增大，且碎渣机驱动电机电流超过正常值。

(5) 锅炉冷灰斗可能堵渣。

2. 原因

(1) 锅炉煤质发生变化。

(2) 锅炉长时间超出力运行。

(3) 炉膛配风不合理或喷燃器损坏造成火焰贴壁。

(4) 磨煤机出口温度过高、一次风量过低、煤粉调整过细等，造成着火点提前。

(5) 制粉系统运行方式不合理。

(6) 锅炉运行中氧量设置过低。

(7) 水冷壁吹灰器长期发生故障或吹灰参数设置不当。

3. 处理方法

(1) 如因煤质发生变化造成锅炉结焦，应制定相应的燃烧调整措施。

(2) 锅炉应控制在额定出力以下运行。如果炉膛发生严重结焦，通过吹灰和调整燃烧仍然不能改善，应降低锅炉出力运行。

(3) 保持合理的一、二次风配比，维持喷燃器出口的二次风强度。喷燃器损坏应及时修理，防止火焰贴壁造成结焦。

(4) 保持磨煤机出口的正常温度、一次风量和煤粉细度。如果喷燃器附近发生严重结焦，可适当降低磨煤机出口温度、适当增加一次风量和适当降低煤粉细度，将煤粉着火点适当延后。

(5) 维持制粉系统的正常运行方式，根据情况调整配风和各磨煤机的负荷分配。如果通过加强吹灰和调整后仍有结焦现象发生，则应降低锅炉出力运行。

(6) 锅炉结焦严重时，可适当增加喷燃器的二次风配比，降低燃尽风量并增加整个炉膛的过量空气系数。

(7) 应按要求正常启动水冷壁吹灰器，炉膛发生严重结焦时应适当提高吹灰频率。

(十五) 过热器、再热器管壁超温

1. 现象

(1) 过热器、再热器管壁金属温度高于正常值。

(2) 过热器、再热器管壁金属温度存在偏差。

2. 原因

(1) 制粉系统运行方式不合理、炉膛热负荷不均、部分吹灰器损坏，炉膛发生严重结焦。

(2) 过热器、再热器管内结垢。

(3) 过热器、再热器管内有杂物堵塞或焊口错位造成蒸汽通流量低。

(4) 过热器、再热器管内蒸汽温度超温运行。

(5) 锅炉炉膛出口烟气温度偏差大。

3. 处理方法

(1) 尽量维持制粉系统的正常运行方式。如部分制粉系统因检修工作不能启动时，应通过调整锅炉配风和各制粉系统的出力使炉膛热负荷趋于均匀。经过调整仍不能使金属温度降至正常值以下时，应降低过热蒸汽和再热蒸汽温度的设定值。

(2) 加强吹灰。如吹灰器损坏，应及时修理。

(3) 加强化学监督，保证给水和蒸汽品质。

(4) 如部分过热器、再热器管壁超温，则应适当降低蒸汽温度后运行，并在锅炉停炉后安排割管检查。

(5) 如蒸汽温度自动调整跟踪装置失灵，应查找原因，并对温度进行及时调整和设置。此前，可适当降低机组升、降负荷速率或将自动切换成用手动进行操作。

第三节　汽轮机事故处理

一、主蒸汽门关闭

(一) 现象

(1) 报警装置发出声、光报警，ETS 显示跳闸首出原因。

(2) 相应的设备和阀门动作。

(3) 机组负荷到零，汽轮机转速下降。

(4) 所有运行的给水泵发生跳闸。

(二) 处理方法

(1) 检查确认汽轮机高中压主蒸汽门、调节门、高排逆止门、各抽汽逆止门已关闭，汽轮机转速下降，检查确认高压缸通风阀开启。

(2) 检查确认交流润滑油泵及高压备用密封油泵已自动启动。

(3) 检查 ETS，确认机组跳闸的原因。

(4) 检查确认辅汽联箱汽源切为老厂供给，维持压力正常。

(5) 检查确认轴封汽压力正常，凝汽器真空正常。

(6) 调整除氧器、凝汽器水位在正常范围。检查确认电动给水泵运行正常。

(7) 解除加热器疏水自动控制方式。

(8) 在锅炉重新点火后，开启高压、低压旁路阀，尽快提高蒸汽温度至冲转参数，机组转速恢复至 3 000 r/min、并列带负荷。

(9) 按机组极热态启动的要求完成相关操作。

二、汽轮机负荷摆动

(一) 现象

(1) 机组有功负荷表计摆动。

(2) 系统频率摆动。

(3) 机组各参数发生摆动。

(4) 各加热器水位发生波动。

(5) 汽轮机调速汽门发生晃动。

(6) 汽轮发电机发出有节奏的声音。

(二) 原因

(1) 电气系统发生振荡。

(2) 汽轮机调速汽门发生晃动。

(3) 汽轮机调速系统发生扰动。

(4) 锅炉发生燃烧不稳定的故障。

(5) 机组的大型辅机发生故障。

(6) 机组的协调系统发生振荡。

(三) 处理方法

(1) 保持锅炉稳定燃烧，不发生大的波动。

(2) 解除机组协调控制方式，稳定负荷，检查确认有无 EH 油管泄漏。

(3) 调整各加热器水位，检查确认水位调节门动作是否正常。

(4) 检查确认机组的各主要辅机出力是否正常。

(5) 当机组负荷摆动时，运行人员应加强对各参数的监控，并及时调整。

三、汽轮机水冲击

(一) 现象

(1) 主蒸汽温度、再热蒸汽温度和各抽汽蒸汽温度急剧下降，蒸汽过热度减小。

(2) 汽缸的上缸、下缸温差明显增大。

(3) 主蒸汽或再热蒸汽管道振动，汽轮机内有水击声，或从进汽管法兰、轴封、汽缸结合面处冒出白色的湿蒸汽或溅出水滴。

(4) 轴向位移增大，推力轴承金属温度急剧上升。

(5) 机组发生强烈振动。

(二) 原因

(1) 锅炉汽温调节发生失灵，主蒸汽温度、再热蒸汽温度急剧下降，使蒸汽带水进入汽轮机。

(2) 加热器管子破裂，大量给水进入抽汽管道；或加热器水位调节失灵，造成加热器满水，且加热器保护装置拒动；或加热器阀门不严，水从加热器倒入汽轮机。

(3) 轴封蒸汽温度不够或调节门动作不正常，将水带入汽轮机轴封腔室。

(4) ＃7 低压加热器、＃8 低压加热器满水，水直接进入汽轮机。

(5) 高压旁路减温水调节门不严或误开。

(三) 处理方法

(1) 启动交流润滑油泵，立即打闸停机(如确认加热器管束破裂，立即切除该加热器)。

(2) 打开汽轮机各部疏水门。

(3) 开启真空破坏门，停止真空泵运行。

(4) 细听汽轮机机内声音，正确记录机组转子惰走时间。

(5) 监视推力瓦温度、轴向位移及高、中、低压缸差胀的变化。

(6) 转子静止后投入连续盘车，测量大轴弯曲度，检查上、下缸温差。

(7) 如停机转子惰走过程中，一切正常，可重新启动，但启动前要充分疏水。重新启动过程中，密切监视机组的振动位移、推力瓦温度及轴向位移、差胀、上下缸温差等数值。重新启动过程中，发现机内有异常声音或振动增大应停止启动。

(8) 在发生水冲击时，推力瓦温度明显升高，轴向位移超过极限值，惰走时间较正常缩短时，应停机检查。

四、汽轮机振动异常

(一) 现象

(1) CRT 报警窗显示“汽轮发电机振动大”。

(2) 就地实际测量时，汽轮机振动仍然大。

(3) TSI 记录仪显示振动指示增大。

(二) 原因

(1) 转子存在较大的质量不平衡，或启动时存在较大的转子热弯曲。

(2) 汽轮机动、静部分产生摩擦。

(3) 汽轮机膨胀受阻或不均匀，使汽缸偏斜或变形。

(4) 汽轮机断叶片，或内部部件脱落。

(5) 汽轮机转子发生弯曲。

(6) 汽轮机进冷汽、冷水。

(7) 汽轮机轴承工作不正常，油膜不稳定，形成油膜振荡。

(8) 蒸汽发生激振。

(9) 发电机气隙不均匀等电气原因。

(10) 密封瓦发生异常摩擦。

(11) 发电机机内氢气温度变化较大。

(三) 处理方法

(1) 机组启动过程中，轴承振动位移超过 0.03 mm 或轴振动位移超过 0.08 mm 时，应设法消除；当轴承振动位移变化超过±0.015 mm 或相对轴振动位移变化超过±0.05 mm 时，应查明原因设法消除。通过临界转速时，当轴承振动位移突然增加 0.05 mm 或轴振动位移超过 0.254 mm 时，应立即打闸停机。

(2) 在额定转速 3 000 r/min 或带负荷稳定工况下，机组轴承振动位移不超过 0.03 mm 或轴振动位移不超过 0.08 mm。当轴承振动位移突然增加至 0.05 mm，应打闸停机。当轴振动位移明显增大至 0.125 mm，应按如下规定处理：

① 机组轴振动位移达 0.125 mm 时，DCS 发出报警，对照表计变化，查找原因。

② 如机组负荷、参数变化大引起振动大，应尽快稳定机组负荷、参数，同时注意汽轮机差胀，上、下缸温差的变化。

③ 确认润滑油温、油压及各轴承温度是否正常，否则，调整润滑油温、油压至正常。

④ 倾听汽轮发电机组内部声音。

⑤ 如发电机发生电流不平衡等电气故障引起振动，应查明原因进行处理。

(3) 若机组轴振动位移突然增加至 0.254 mm，或汽轮机内部发生明显金属摩擦声，应紧急停机。

五、汽轮机轴承金属温度高

(一) 现象

(1) CRT 画面显示汽轮机轴承金属温度高。

(2) 实际测量汽轮机轴承金属温度仍然高。

(3) CRT 画面显示轴承回油温度升高。

(4) 轴承温度升高，汽轮机振动增加。

(二) 原因

(1) 轴瓦发生磨损或轴承内部部件损坏。

(2) 机组振动大导致轴承温度高。

(3) 轴承供油压力低或进油节流孔堵塞。

(4) 供油温度高。

(5) 润滑油质不良。

(三) 处理方法

(1) 当发现轴承温度高时,应核对有关表计,确认轴承温度升高。

(2) 检查供油压力、供油温度是否正常。

(3) 检查润滑油滤网前、后压差是否正常。

(4) 检查润滑油冷油器冷却水压是否正常,油温调节器是否正常。

(5) 消除振动大的原因,使振动恢复至正常范围内。

(6) 通知化学检测人员化验润滑油油质,及时投入滤油机工作,并加强排污。

(7) 检查轴承回油情况。

(8) 值班人员应密切注意轴承金属温度的上升速率,通知检修人员分析原因。

(9) 当支承轴承温度升高到 113 ℃,推力轴承温度升高到 107 ℃时,应破坏真空紧急停机。

六、汽轮机轴向位移大

(一) 现象

(1) CRT 画面报警窗显示"汽轮机轴向位移大"。

(2) CRT 画面显示汽轮机推力瓦温度高。

(3) CRT 画面显示推力轴承回油温度升高。

(二) 原因

(1) 推力瓦或推力轴承发生磨损。

(2) 汽轮机发生水冲击。

(3) 汽轮机负荷、流量突然增大。

(4) 回热系统运行方式突然改变。

(5) 热工仪表指示错误。

(6) 汽轮机通流部分发生严重结垢。

(7) 汽轮机叶片发生断裂并脱落。

(8) 凝汽器真空下降。

(9) 发电机转子窜动。

(三) 处理方法

(1) 当轴向位移增大时,应检查负荷、蒸汽参数、凝汽器真空是否正常,密切监视推力轴承金属温度、差胀变化,调整负荷,通知热工人员校验表计,并倾听机组有无异声,各轴承有无振动。

(2) 当轴向位移增大至±0.9 mm,除进行上述检查外,汇报值长,立即减负荷,使轴向位移恢复至正常。

(3) 当轴向位移继续增大,机组转动部分出现金属撞击声或伴有强烈振动,应立即破坏真空紧急停机。

(4) 当轴向位移增大至±1.0 mm 时，如保护装置不动作，应立即破坏真空紧急停机。

七、汽轮机叶片断落

(一) 现象

(1) 机组振动突然增大。

(2) 汽轮机内部有金属撞击声或盘车时有摩擦声。

(3) 汽轮机调节级压力升高，轴向位移有变化。

(4) 末级叶片将凝汽器铜管击破导致凝结水导电度、硬度增大。

(二) 原因

(1) 汽轮机发生进水。

(2) 叶片发生水蚀或应力腐蚀。

(3) 叶片频率不合格或制造质量不良。

(4) 汽轮机超速或运行周波长时间偏离正常值造成叶片疲劳。

(三) 处理方法

(1) 发现以下情况，应破坏真空紧急停机：

① 汽轮机内部有明显的金属撞击声或摩擦声。

② 汽轮机通流部分发出异声，同时机组发生强烈振动。

(2) 发现以下情况，应汇报值长及专业人员，进行分析后处理：

① 运行中发现凝结水导电度、硬度突然增加，应检查机组振动位移、负荷、凝汽器水位，同时汇报值长，通知化学检测人员化验凝结水水质。

② 调节级压力或抽汽压力异常变化，在相同工况下汽轮机负荷下降，轴向位移和推力轴承金属温度有明显变化，并伴有机组振动明显增大，汇报值长，减负荷，申请停机。

八、汽轮机差胀异常

(一) 现象

(1) CRT 画面上显示差胀异常报警。

(2) 汽轮机内发出异常声音。

(二) 原因

(1) 汽轮机启动时，主蒸汽温度、再热蒸汽温度与汽缸温度不匹配。

(2) 上、下缸温差大，造成汽轮机差胀异常。

(3) 运行时主蒸汽温度、再热蒸汽温度急剧下降。

(4) 汽轮机进冷汽、冷水。

(5) 热工仪表指示错误。

(6) 汽轮机负荷变化范围大。

(7) 轴向位移增大引起差胀异常。

(三) 处理方法

(1) 当发现汽轮机差胀指示异常时,应核对有关表计。

(2) 检查汽缸上、下温差,超过规定值时应停止汽轮机运行。

(3) 控制锅炉负荷不发生大的波动。

(4) 主蒸汽温度、再热蒸汽温度不应有太大的波动,检查减温水调节门动作是否正常。

(5) 机组启动过程中,保持主蒸汽温度、再热蒸汽温度与汽缸温度相匹配。

(6) 发现差胀异常时,应对各种参数进行综合分析。

(7) 差胀异常时,应尽量停止负荷的变化,使差胀不会产生太大的变化趋势。

(8) 当差胀有太大的变化时,应倾听机组声音,发现有金属摩擦声音时,应破坏真空紧急停机。

九、汽轮机超速

(一) 现象

(1) CRT 画面上显示机组负荷到零、危急保安器发出动作信号。

(2) 报警窗显示汽轮机振动增大,声音异常。

(3) 所有转速表显示汽轮机超速。

(二) 原因

(1) 正常运行时,发电机突然甩去全部负荷。调速系统动态性能不良,未能控制转速。

(2) 汽轮机发生跳闸后,高、中压自动主蒸汽门、调速汽门、各段抽气逆止门、高压缸排汽逆止门不能自动关闭,或卡涩导致阀门未关严或主蒸汽门严密性不合格。

(3) 机组解列时,负荷未减到零,且汽门卡涩。

(4) 超速试验时,转速失控。

(三) 处理方法

(1) 立即打闸紧急停机,检查各主蒸汽门、调速汽门、抽气逆止门、高压缸排汽逆止门是否关闭,否则设法关严,确认机组转速下降。

(2) 高排通风阀自动开启。

(3) 严密监视停机时各种参数变化,记录惰走时间和打印惰走曲线,记录汽轮机缸温等参数,对机组进行全面检查。

(4) 查明超速的原因,如果超速原因不明,则禁止再次启动机组。

十、凝汽器真空下降

(一) 现象

(1) CRT 发出“真空低”声光报警信号,备用真空泵自动启动。

(2) CRT 真空表显示凝汽器真空下降。

(3) CRT 表计显示汽轮机低压缸排汽温度升高。

(4) 负荷瞬时下降。

（二）原因

(1) 循环水系统发生故障。如：循环水泵跳闸，凝汽器循环水进、出口阀误关及循环水母管破裂等。

(2) 汽轮机(包括小汽轮机)轴封供汽系统发生故障。

(3) 真空泵发生故障或其工作水温过高、水位不正常。

(4) 凝汽器热井水位过高。

(5) 真空系统发生泄漏。

(6) 凝汽器补水箱缺水，凝结水回收水箱水位低。

(7) 凝汽器钛管表面发生脏污结垢现象。

(8) 汽动给水泵密封水回水水封被破坏。

（三）处理方法

(1) 当发现凝汽器真空下降时，应对照真空表和低压缸排汽温度，确认凝汽器真空是否下降。若真空缓慢下降，且凝汽器端压增大，则可能是钛管脏污结垢，若真空下降较快应立即启动备用真空泵。然后分析真空下降的原因，尽快处理并汇报值长。

(2) 当发现循环水压力急剧下降时，应检查循环水泵是否跳闸或循环水管是否破裂。当凝汽器出口循环水温差增大时，则说明循环水量不足，应设法增加循环水量。

(3) 若轴封供汽系统工作不正常，则应检查辅汽联箱压力是否正常、轴封加热器疏水是否通畅，并将轴封压力调整至正常值。

(4) 若真空泵发生故障，则应检查其电流、汽水分离器水位及工作水温是否正常并进行相应的调整。

(5) 若凝汽器水位过高，应根据不同的原因调整水位至正常值。

(6) 检查机组当时有无影响真空下降的操作。如有这样的操作，应立即停止操作并恢复原状。

(7) 因凝汽器真空系统发生漏空气引起的真空下降，处理方法如下：

① 对真空系统的设备进行查漏和堵漏操作。

② 对小汽轮机排汽侧进行检查。如小汽轮机排汽侧真空低，应将机组负荷降至75%额定负荷，启动电动给水泵，停运并隔绝小汽轮机系统，进行堵漏操作。

(8) 当凝汽器压力上升至 25 kPa 时，机组进行减负荷操作，当凝汽器压力上升至 31 kPa 时，负荷应减至零(真空每升高 1 kPa，降负荷 100 MW)。

(9) 当凝汽器压力上升至 31.3 kPa 时，低真空保护装置应发出动作信号，否则应手动打闸停机。

十一、主油箱油位和润滑油压下降

（一）主油箱油位和润滑油压同时下降

1. 原因

(1) 汽轮机润滑油冷却器发生泄漏。

(2) 密封油冷却器管发生破裂。

(3) 油系统管道、阀门法兰、接头发生破裂，大量漏油。

(4) 油系统事故放油阀、放水阀、取样阀被误开。

(5) 密封油调节不当，大量润滑油漏至发电机内，以致润滑油箱油位大幅下降。

2. 处理方法

(1) 消除漏油点。

(2) 将主油箱油位补至1 750～1 850 mm之间。

(3) 当润滑油箱油位降至1 200 mm且补油无效时，应紧急停机。

（二）油位不变、油压下降

1. 原因

(1) 汽轮机润滑油减压阀工作失常。

(2) 主油泵或射油器工作失常。

(3) 油压表指示错误或油位计卡涩。

(4) 油泵出口逆止门不严。

(5) 油泵出口套装管发生破裂

2. 处理方法

(1) 润滑油压下降时，启动交流油泵维持油压，如直流油泵联启，则应立即停机。

(2) 若油压表指示错误，则应联系热控工作人员处理。

(3) 若油管道发生故障，应请示停机。

十二、凝汽器泄漏

（一）现象

(1) 凝汽器水位上升，凝汽器补水门关小。

(2) 化学人员化验凝结水质，凝结水硬度大。

(3) 凝结水过冷度增大。

(4) 凝汽器端差增大。

(5) 汽轮机真空下降，排汽室温度升高。

（二）原因

(1) 凝汽器制造工艺不良。

(2) 运行时间过长，检修不及时，造成凝汽器钛管发生泄漏。

(3) 凝汽器钛管发生长时间污染，造成腐蚀和钛管发生泄漏。

(三) 处理方法

(1) 须将泄漏的凝汽器隔离并堵漏。根据取样结果，确定凝汽器发生泄漏的部位，降负荷至75%以下，进行凝汽器单侧隔离并堵漏操作。

(2) 联系化学检测人员及时化验主蒸汽品质，如主蒸汽品质超标，则请示停机。

(3) 保持各加热器水位在正常范围内，必要时启动备用凝结水泵。

十三、发电机进油

(一) 现象

(1) 报警窗显示发电机内发生“泄漏”报警信号。

(2) CRT画面上检漏装置发出报警信号。

(二) 原因

(1) 发电机油氢压差阀发生故障，导致油氢压差过大，使密封油进入发电机内。

(2) 发电机密封油系统回油不通畅。

(三) 处理方法

(1) 汽轮机在启动或正常运行中，当出现发电机发生泄漏报警信号时，应立即检查发电机油氢压差阀的调节状态是否正常，如不正常进行，则进行手动调节操作，然后再进一步分析原因。

(2) 检查发电机油压、氢压信号是否正常，如不正常，则联系热控人员进行处理。

(3) 打开发电机排污阀门，若发电机氢压过低应及时补氢。

(4) 严密监视发电机氢气纯度是否合格，及时补、排氢气，联系检修人员共同处理。

(5) 向值长汇报情况，必要时可降低机组负荷运行。

十四、定子冷却水导电度高

(一) 现象

(1) 报警装置发出“离子交换器出水电导率高”报警信号。

(2) CRT画面上显示的检测装置状态变成红色，报警铃响。

(二) 原因

进入定子冷却水系统中的补水纯度不合格。

(三) 处理方法

(1) 汽轮机在启动或正常运行中，当出现发电机“离子交换器出水电导率高”报警时，首先应排除表计显示故障，然后再进一步分析原因。

(2) 检查发电机氢气系统是否泄漏。

(3) 检查离子交换器运行是否正常，如进入水量过少，调整离子交换器进、出口水门的开度。

(4) 检查离子交换器树脂是否失效。当电导率仪表指示电导率已增加到 1.5 μS/cm 时,应更换离子交换器树脂,并将水箱内的冷却水换掉。

(5) 检查定子冷却器冷却水与定子冷却水压差是否正常,如不正常,则调整发电机定子冷却水入口门或定子冷却器入口门,使定子冷却水压力高于闭式冷却水压力。

(6) 如发现定子冷却器泄漏,应切至备用冷却器运行。

十五、发电机温度高

(一) 现象

(1) DCS 报警窗发出“发电机温度高”报警信号。

(2) 发电机定子线棒温度异常升高。

(3) 发电机定子冷却水温度异常升高。

(4) 发电机冷、热氢气温度异常。

(二) 原因

(1) 发电机定子冷却水系统发生故障。

(2) 发电机氢气冷却系统发生故障。

(三) 处理方法

(1) 确认报警信号是真实的,调出相应的 DCS 画面,连续监视报警次数,并汇报值长。

(2) 稳定机组负荷,打印全部温度测点读数,并记录当时发电机的有功、无功、电压、电流、氢压、冷氢温度等参数。

(3) 加强对发电机运行监视,控制发电机各部位温度不超过规定值。

(4) 发电机温度的任何突然改变、不稳定或继续增加都说明情况异常,应通过连续打印、监视、综合分析确认。

(5) 发电机冷、热氢气出口风温度高,应检查氢气冷却器的冷却水流量是否正常,如氢气冷却器冷却效率低,应检查冷却器内有无积聚空气和堵塞的现象。

(6) 发电机冷、热氢气出口风温度明显升高时,还应检查铁芯硅钢件是否发生短路故障,如果冷氢温度自动调节不正常,应改用手动调节;如果是铁芯硅钢件发生部分短路引起的发电机温度高,应降低机组负荷,停机后进行处理。

(7) 如发电机氢气压力降低,应查明降低原因并补充氢气。

(8) 若定子线棒温度异常、定子冷却水温度异常,应检查定子冷却水系统工作是否正常,如有异常,应进行相应的调整操作。

(9) 若定子线棒某点温度突然明显升高,除检查测温装置和测温元件外,还应考虑其他原因:如发现温度随负荷电流的减少而显著降低,应考虑到定子线棒通水支路是否有阻塞现象,此时应严格监视温度不超过正常运行值,当判明温度升高是由通水支路阻塞引起的,申请停机后处理。

(10) 适当降低发电机负荷,并加以稳定,观察其变化趋势,如在不同负荷工况下某元件始终显示异常,则说明该热电偶及电阻元件可能损坏。

(11) 经上述处理无效或表明发电机内部异常时，应降低有功负荷，使温度或温差低于限额。联系检修人员进一步检查确认。当发电机任何两个上层或下层线圈出水最高和最低温差达到 12 ℃，或任何线圈出水最高温度达到 90 ℃，或任何线圈层间最高和最低温差达到 14 ℃时（测点及回路经过确认均正常），应申请停机处理。

十六、发电机漏氢

(一) 现象

发电机氢压下降速率增快，补氢次数明显增加，补氢量增大。

(二) 处理方法

(1) 立即寻找漏氢点并设法阻止漏氢情况的进一步发展。

(2) 联系相关人员进行补氢操作，恢复正常氢压。

(3) 如氢压继续下降，补氢仍不能维持正常氢压时，则应降低发电机负荷，使发电机各部位温度保持正常，并申请停机。

十七、发电机氢系统着火

(一) 现象

(1) 氢气泄漏点发出轻微爆炸声，并有明火。

(2) 发电机内部发生着火，有异常声音。

(3) 发电机内部各部位温度升高。

(4) 发电机内部氢压波动较大。

(二) 处理方法

(1) 采取措施，设法阻止漏氢。

(2) 停止向发电机补氢，用二氧化碳灭火。

(3) 若发电机内部着火、爆炸，应立即打闸停机、解列发电机。在排氢的同时，向发电机内充入二氧化碳进行灭火，并保持转子转速在 300～500 r/min。

(4) 维持发电机密封油系统及定子冷却水系统运行正常。

第四节　电气事故处理

电气事故主要包括发电机-变压器组事故、厂用电事故、电动机事故及电力系统事故。电气系统事故后果严重，事故发生后若处理不及时、不正确将使事故扩大，甚至造成电力系统瓦解，带来巨大损失。

一、发电机过负荷运行

(一) 现象

(1) 发电机定子电流超过额定值。

(2) 发电机定子电压可能下降。

(3) 发电机内部温度可能超过额定值。

(二) 处理方法

(1) 发电机正常运行时不允许过负荷运行,只有在发电厂外部出现事故情况下允许短时间过负荷,但为防止发电机损伤,每年过负荷运行不得超过两次。

(2) 当发电机定子电流超过正常允许值时,首先应检查发电机功率因数和电压,并注意过负荷运行时间,做好详细记录。

(3) 如果系统电压正常,应减少无功负荷,使定子电流降低到允许值,但功率因数不得超过 0.98(迟相),定子电压不得低于 19 kV。

(4) 如果发现发电机电压低于 19 kV,不能减无功,应报告值长,降低有功负荷。

(5) 加强对发电机各测点温度的监视,当定子或转子绕组温度偏高时应适当限制其短时过负荷的倍数和时间。

二、发电机非同期并列

(一) 现象

(1) 发电机各表计剧烈摆动。

(2) 发电机声音出现异常。

(二) 处理方法

(1) 立即解列发电机,对发电机进行全面检查,并进行必要的电气试验。

(2) 查明发电机非同期并列的原因,检查发变组无异常,消除故障并确认无问题后,发电机方可重新并列。

(3) 发电机重新并列前必须要做发电机零起升压试验,检查无问题后方可重新并列。

三、发电机变为同步电动机运行

(一) 现象

(1) 发电机有功表指示为负值,无功表指示通常升高。

(2) 系统频率可能降低,发电机定子电流指示降低,定子电压、转子电压、电流表指示正常。

(3) 报警装置发出发电机"逆功率动作"信号。

(二) 处理方法

(1) 确认报警,并及时汇报值长。

(2) 若逆功率保护动作使得发电机跳闸,检查确认厂用电切换是否成功,待查明机组跳闸原因,排除故障后,再重新并网。

(3) 若发电机逆功率保护未动作,机组没有解列时,应立即将发电机解列。

四、发变组保护动作

（一）现象

（1）事故音响报警，发变组出口断路器跳闸，灭磁开关、厂用电工作电源开关均跳闸。

（2）发电机各表计全部到零。

（3）报警装置发出发电机“保护动作”信号。

（二）处理方法

（1）检查厂用电备用电源自投是否正常，保证厂用电电源的正常运行。

（2）检查机组保护动作情况，判明机组跳闸原因。

（3）若是外部故障引起机组跳闸，在隔离故障点且全面检查机组无异常后，可将发电机重新并列。

（4）若是发电机内部故障引起跳闸，则应进行如下检查：

① 检查发变组的保护是否出现异常。

② 检查发电机有无绝缘烧焦的气味或其他明显的故障现象。

③ 若发电机外部检查没有问题，应测量发电机定、转子绝缘电阻是否合格，各测温点温度是否正常。

④ 检查主变压器、高压厂用变压器、励磁变压器等主设备是否有异常情况。

（5）若上述检查测量发现发电机无异常情况，发电机做零起升压试验良好后，经总工程师批准将发电机重新并列。

五、发电机发生振荡或失步

（一）现象

（1）发电机的有功、无功表指示在全范围内摆动。

（2）发电机定子电流剧烈变化，有可能超过正常值。

（3）发电机定子电压和 500 kV 母线电压降低并剧烈变化，通常是降低。

（4）发电机转子电压、电流在正常值附近摆动。

（5）发电机发出节奏与表计读数摆动合拍的轰鸣声。

（6）可能发出发电机失步、失磁等报警信号。

（7）若同时发现有系统频率变化并摆动，而发电机电压、电流、有功摆动不剧烈则为系统振荡。

（8）发电机强行励磁装置可能动作。

（二）处理方法

（1）若发现振荡是由于发电机非同期并列或失磁引起的，应立即将发电机解列。

（2）若发电机运行中因系统故障引起发电机振荡，应尽可能地增加发电机的无功，提高系统电压，并适当降低发电机的有功负荷，将发电机拖入同步运行。

(3) 在 AVR 自动方式运行时，严禁干扰电压调节器工作；在 AVR 手动方式运行时，应尽可能地增加转子电流，直到允许过负荷值，此时，按发电机事故过负荷规定执行。

(4) 采取上述调整措施仍不能恢复机组同期时，应请示调度同意，将机组解列；并及时调整频率与电压，按调度命令重新将发电机与系统并列。

六、AVR 故障

(一) 现象

(1) 发现操作员站报警窗报警，事故音响报警。

(2) 保护装置发出“AVR 故障”报警信号。

(二) 原因

(1) 发电机电压互感器故障。

(2) AVR 自动通道电源故障。

(3) AVR 在自动方式时，可控硅触发回路故障。

(4) AVR 在自动方式时，励磁过电流。

(5) AVR 控制单元故障。

(6) AVR 自动通道同步电压消失。

(三) 处理方法

(1) 运行人员就地检查 AVR 报警原因，同时通知设备检修人员处理。

(2) 确认调节器的报警原因，根据不同的报警进行相应的回路检查。

(3) 检查 AVR 是否自动切至另一通道运行，否则根据需要将“自动”切换至“手动”。

(4) 如 AVR 故障不能消除，汇报值长，请示解列停机处理。

(5) 故障消除后尽快恢复机组正常运行方式。

七、发变组过激磁

(一) 现象

(1) 发变组保护装置发出过激磁报警信号。

(2) 当 $U/f>105\%$ 时，U/f 限制器动作。

(3) 当 $U/f>110\%$，时间超过 20 s 时，保护将动作跳闸。

(4) 当 $U/f>115\%$，时间超过 6 s 时，保护将动作跳闸。

(二) 原因

(1) 发变组过激磁多数发生在发电机突然减负荷时。

(2) 发电机在满负荷时突然甩负荷或发电机在低频运行时。

(3) 汽轮机冲转，转速低于 2 950 r/min，对发电机进行起励时。

(三) 处理方法

(1) 确认报警，并汇报值长。

(2) 引起 U/f 值超限，在突然减负荷或甩负荷及低频运行时，应尽快调节电压，使 U/f 值在允许范围之内。

(3) U/f 保护动作跳闸后，应检查主变压器、发电机、励磁系统有无异常现象，必要时应经厂部确认后方可零起升压并网运行。

(4) 汽轮机冲转，转速低于 2 950 r/min 时，禁止合励磁开关。

八、发电机三相电流不平衡

(一) 现象

(1) 发电机负序电流达到 8%额定电流值时，DCS 报警窗报警。

(2) 发电机转子温度升高。

(3) 机组振动加大。

(二) 原因

(1) 发电机内部故障引起。

(2) 厂用电系统缺相运行。

(3) 励磁系统交流侧缺相运行。

(4) 电力系统故障引起。

(5) 发电机出口 CT 及测量回路故障。

(三) 处理方法

(1) 确认报警，并汇报值长。

(2) 对发变组进行全面检查。

(3) 在负序电流小于 8%额定电流值且定子最大电流未超过额定值时，允许发电机连续运行。

(4) 当负序电流大于 8%额定电流值时，应向调度汇报，降低发电机无功负荷或有功负荷，将负序电流降至允许值范围内。

(5) 如果负序电流达到 8.5%额定电流值时，负序保护将启动，机组将延时与系统解列，按事故停机处理。

(6) 若发电机三相电流不平衡由于机组内部故障引起，则应停机处理。

(7) 若发电机三相电流不平衡由厂用电系统、励磁系统缺相运行引起，应向调度汇报，并采取相应措施。

(8) 若发电机三相电流不平衡由系统故障引起，应立即向调度汇报，设法消除。并在发电机带不平衡负荷运行的允许时间未到达之前，拉开非全相运行的线路开关，以保证发电机安全运行。

(9) 发电机在带不平衡电流运行时，应加强对发电机转子发热和机组振动的监视和检查。

九、发电机定子接地

(一) 现象

(1) 报警装置发出“发电机定子接地”信号。

(2) 故障录波器动作。

(二) 处理方法

(1) 汇报值长。

(2) 如保护动作发电机跳闸,按发电机事故跳闸处理。

(3) 如发电机未跳闸,应检查发电机有无漏水等故障,全面核对表计,如判明是发电机定子接地,应立即停机处理。

(4) 经检查判断接地点发生在发电机外部,则通知检修人员尽快设法消除。

十、发电机电压回路断线

(一) 现象

(1) 报警装置发出电压回路断线信号。

(2) 电压表、功率表指示下降。

(3) PT 高压熔断器熔断,可能有接地信号出现。

(二) 处理方法

(1) 记录时间,作为丢失电量计算的依据。

(2) 停用断线 PT 有关保护和自动装置。

(3) 检查 PT 一、二次回路,若一次熔断器熔断,应对 PT 进行检查,检查无异常后更换熔断器。

(4) 若二次侧小开关跳闸或保险熔断,应查明原因并进行处理。

(5) 应根据命令将励磁方式恢复到正常运行方式。

十一、发电机转子励磁回路接地

(一) 现象

(1) 报警装置发出“发电机转子一点接地”信号。

(2) 转子回路接地检测装置动作。

(二) 原因

(1) 发电机转子故障。

(2) 励磁回路故障。

(三) 处理方法

(1) 对励磁系统进行全面检查,接地检测装置工作是否正常,有无明显接地点,通知电气检修人员测量核实励磁回路绝缘数值。

(2) 加强对发电机的监视，如接地的同时发电机发生失磁或失步，应立即解列停机。

(3) 转子一点接地保护动作发信号后，在检查确认接地电阻值稳定时，及时手动投入转子两点接地保护1LP压板和接地保护跳闸出口2LP、3LP压板，当接地电阻值波动时，禁止投入上述保护压板。

(4) 配合检修人员确认接地点在转子内部还是在外部，如为转子外部，由检修人员设法消除。

(5) 如接地点在转子内部，为稳定性的金属性接地，汇报值长，申请尽快停机处理。

(6) 当转子一点接地未处理好，又发生第二点接地时，转子两点接地保护动作于发变组跳闸，按照发电机跳闸处理，否则立即将发电机解列。

十二、发电机升不起电压

(一) 现象

(1) 发电机定子电压指示很低或为零。

(2) 转子电压表有指示，而电流表无指示。

(3) 转子电流表有指示，而电压表无指示或指示很低。

(4) 转子电流表和电压表无指示。

(二) 处理方法

(1) 汇报值长，通知检修继电保护人员立即到现场共同检查处理。

(2) 检查发电机定子电压表、励磁电压表及励磁电流表指示是否正常，检查转子回路是否短路、开路。

(3) 检查发电机灭磁开关是否合闸良好，发电机是否起励，起励电源是否正常。

(4) 检查发电机测量用PT二次开关接触是否良好，一次保险是否正常。

(5) 检查励磁调节器是否正常，调节器直流电源是否良好。

(6) 检查励磁变压器是否运行正常。

(7) 检查发电机碳刷接触是否良好。

(8) 检查励磁系统中整流柜运行是否正常工作。

十三、发电机失磁

(一) 现象

(1) 报警装置发出“发变组保护动作”和“发电机失磁”信号。

(2) 发电机定子电压指示降低并有摆动现象。

(3) 发电机有功功率指示降低并有摆动现象。

(4) 发电机无功功率指示负值。

(5) 发电机定子电流大幅度上升，且摆动。

(6) 发电机转子电流从零向两个方向摆动，当转子回路断开时，电流表指示为零。

(7) “发电机系统PT故障”“AVR故障”“发电机出口PT电压超范围”信号报警。

(8) 发电机转子电压指示呈周期性摆动。

(9) 相邻机组强励可能动作。

(二) 处理方法

(1) 如果发电机失磁保护动作,机组跳闸,按发电机跳闸处理,同时对励磁回路进行检查。

(2) 如果发电机失磁保护未投入或未动作,应立即将发电机解列,并检查厂用电备用电源是否切换成功。

(3) 检查其余母线自投情况,如自投不成功,则立即手动投入。

(4) 发电机失磁时,自动励磁调节器必须立即停用,其他运行机组的自动励磁调节器必须投入运行,并允许这些发电机按短时事故过负荷运行。

(5) 尽快查明和消除失磁原因,通知检修人员处理。

(6) 恢复发电机励磁后,按调度指令将失磁机组与电网并列。

十四、发变组出口开关跳闸

(一) 现象

(1) 事故音响发出报警信号,发变组主开关跳闸。

(2) 操作员站画面上发变组主开关位置指示闪光。

(二) 处理方法

(1) 运行中发变组出口开关自动跳闸时,应根据信号和保护动作情况进行检查处理。

(2) 发变组出口开关跳闸时,应检查厂用电切换是否成功,并做出相应处理。如发现6 kV厂用电工作电源开关未跳闸,应迅速手动将其拉开,完成厂用电的自动切换。

(3) 发变组出口开关跳闸时,若励磁、6 kV厂用电工作电源开关未跳闸,此时若有"汽轮机主蒸汽门关闭"信号、发电机有功表为负值,应立即手动拉开灭磁开关,进行厂用电自动切换,并检查联动成功。

(4) 若由于外部故障,引起母差、后备保护动作跳闸或发电机保护误动跳闸,在确认故障排除后,应立即隔绝故障点或解除误动保护,迅速将机组重新并网。

(5) 若发变组主保护装置动作跳闸,测量绝缘电阻,应对发电机及其保护范围内的所有设备进行详细的外部检查,查明有无外部象征,以判明发电机有无损伤,也可询问电网有无故障象征,加以判别,弄清跳闸原因。待故障排除后,方可重新并网。

(6) 若跳闸原因不明,只有在发电机回路绝缘合格,并经值长及有关领导批准后,才能对发电机手动零起升压,继续进行检查,升压时若发现有不正常现象,应立即停机处理。如升压试验正常,可将发电机并入系统运行。

(7) 如发现确实属于人员误动而引起开关跳闸,应立即将发电机并网。

十五、发变组出口开关非全相运行

(一) 现象

(1) 当断路器非全相运行时,发电机发出"负序""断路器三相位置不一致"信号报警,有功负荷下降。若两相跳闸，发电机可能失步，表计摆动，机组产生振动和噪音。

(2) 一相跳闸：跳闸相电流表指示最大，另两相电流表指示相等。

(3) 两相跳闸：未跳闸相电流表指示为零，另两相电流表指示相等。

(二) 处理方法

(1) 发电机非全相保护及失灵保护未动作时，紧急拉开上一级开关。

(2) 手动拉开发变组出口断路器一次，若断不开，应降低有功、无功负荷，使发电机定子电流的不平衡电流降至最小(有功为零，无功近于零)，应就地手动断开开关。

(3) 若就地手动仍断不开时，应由上一级断路器断开，使发电机退出运行。

(4) 在发电机非全相运行时，迅速通知设备检修人员处理开关缺陷，同时调节汽轮机的有功功率和发电机的励磁电流，使机组的有功功率和无功功率接近于零。此时汽轮机不应停机，灭磁开关不应断开。

(5) 若保护未动作或其他原因，非全相运行超过发电机负序电流允许水平，再次启动前，必须全面进行检查无问题后，经总工程师批准后方可并列。

(6) 如非全相保护动作跳闸，应迅速进行全面检查，判明故障性质，通知检修人员处理。

十六、电流互感器二次回路断线

(一) 现象

(1) 测量回路断线时，所带的电流表、有功功率表、无功功率表指示降低或为零。

(2) 电流互感器有异常声音，严重时冒烟着火有放电声。

(二) 处理方法

(1) 若保护回路断线，立即停用相关保护。

(2) 将故障电流互感器一次回路停电。

(3) 通知检修人员处理。

十七、定子绕组进水压力低

(一) 现象

发电机报警装置发出“定子绕组进水压力低”报警信号。

(二) 处理方法

(1) 检查阀门开启是否正确。

(2) 检查过滤器、水冷却器是否堵塞并及时处理。

十八、发电机定子线棒或导水管漏水

(一) 现象

(1) 定子线棒定子水压升高。

(2) 氢气漏气量增大，补氢量增大，氢压降低。

（3）定子水箱压力升高。

（二）处理方法

（1）从发电机排污门放出液体化验，判断是否有定子水泄漏。

（2）检查定子水箱压力升高是否由发电机定子线棒或导水管漏水引起。

（3）若确认发电机定子线棒或导水管漏水属实，则应立即解列停机。

十九、励磁变压器过负荷或温度高

（一）现象

（1）报警装置发出“励磁变压器过负荷”信号。

（2）报警装置发出“励磁变压器温度高”信号。

（二）处理方法

（1）检查确认是发电机无功负荷过高，则降低发电机无功负荷，注意各级电压不能低于允许范围下限，同时通知检修人员处理。

（2）如果是励磁变压器温度高，无功负荷不高，可采取加强外部散热措施的方法，降低励磁变压器温度。

（3）采取上述措施后，励磁变压器温度仍有上升的趋势，汇报值长，向调度申请降低有功负荷，仍不能控制住励磁变压器温度上升时，则应申请停机。

二十、变压器故障跳闸的处理方法

（1）检查备用变压器投入正常，查看保护动作情况，作好记录，并复归。

（2）对保护动作范围内的设备进行外部检查，有无明显故障点。

（3）通知检修人员对变压器一、二次回路进行故障查找。

（4）变压器的主保护（如瓦斯或差动保护）动作时，必须对其保护范围内设备进行全面检查，检查有无明显故障象征，并测量变压器的绝缘电阻，取气或取油样分析，以查明变压器的跳闸原因。

（5）判断变压器有内部故障，做好安全措施，通知检修人员处理。

（6）重瓦斯、差动保护同时动作，未查明原因并消除前，不得向变压器送电。

（7）变压器后备保护动作跳闸，应对变压器进行外部检查，外部检查无异常，若查明故障点确在变压器回路以外，应隔离后方可对变压器试送电一次。

（8）变压器内部及其回路故障消除后，在投入运行前，应做零起升压试验，发现异常时，应立即停止变压器运行。

二十一、变压器着火的处理方法

（1）变压器着火时，应立即将故障变隔离，并停用其冷却装置。

（2）若油溢出在变压器顶盖上面着火时，变压器加装有远离本体的事故放油门，可以打开放油门。

(3) 若变压器内部故障引起着火时，则不允许放油，以防变压器发生爆炸伤人。

(4) 通知消防人员按消防规程灭火，防止火势蔓延。

(5) 根据有关规定使用相应喷淋装置进行灭火。

二十二、6 kV 厂用电源中断

(一) 现象

(1) 6 kV 厂用故障母线电压指示到零，弧光保护、分支过流或分支零序保护动作，闭锁本段厂用快切装置。

(2) 失电母线所带有低电压保护的电动机开关全部跳闸。

(3) 失电母线所带低压厂用变压器失电。

(4) 400 V 保安段有可能切换，柴油发电机组有可能自启动。

(二) 处理方法

(1) 若机组已跳闸，按机组跳闸原则处理。

(2) 若机组 RB 动作，按机组 RB 动作原则处理，稳定机组运行。

(3) 严禁向故障母线手动强送电，应迅速查出故障点并进行隔离。

(4) 确认 400 V 保安段母线供电是否正常。若失电未恢复，保安变未自投或自投失败，应迅速拉开保安段母线上的所有工作、备用进线分支开关，保留柴油发电机保安段进线开关，确认母线无故障时，手动启动柴油发电机恢复供电。

(5) 检查直流电源系统和 UPS 供电是否正常。

(6) 若 400 V 母线失电、MCC 段备用电源有电，可以将失电的 400 V 母线、MCC 段切至备用电源供电。

(7) 检查该段 6 kV 母线所带负荷，若有保护动作而开关拒动者，将其停电隔离，拉开所有负荷开关及 PT，测母线绝缘。若绝缘合格将母线送电，若绝缘不合格则将母线转检修后，联系检修人员处理。

(8) 记录保护装置报警信号。

二十三、380 V 母线接地

(一) 接地现象

(1) 操作员站音响报警，“380 V××段母线接地”光字牌亮。

(2) 接地相相电压降低或指示为零，其他两相电压升高或指示为线电压。

(二) 接地处理方法

(1) 根据接地现象，判断接地故障母线接地相及接地程度，同时汇报值长，通知设备部电气等相关专业人员现场配合查找故障点。

(2) 询问值长或主值班员，该母线及其回路上是否有人工作，若有则立即令其停止工作。

(3) 检查该段母线有无新启动的设备或母线及其所带负荷有无落水受潮,对有怀疑的设备应首先进行查找。

(4) 确认无新启动或落水设备,则试停该段母线上负荷电源,查找母线接地用瞬时停电方法:先停次要负荷,后停重要负荷。

(5) 当保安段母线接地时,根据小电流接地选线装置显示故障母线、故障线路编号,进行查找。

(6) 将母线由工作切换备用电源,如果接地消失,说明是工作电源进线接地。如果接地仍不消失,说明是母线或其所带负荷接地。

(7) 试停母线 PT,来判断是否 PT 有问题。

(8) 通过上述方法仍未查找出接地点,则试停该段母线,即将母线上运行负荷倒备用运行或停运后(没有备用且不能长时间停止运行的负荷,须联系设备部接引临时电源),将母线停电。

(9) 查出接地点,做好安全措施,通知检修人员处理。处理完毕后,尽快恢复原运行方式。

二十四、直流母线电压高

(一) 现象

(1) DCS 画面母线电压异常报警。

(2) 直流母线上监控器电压高报警。

(二) 处理方法

(1) 核对直流充电装置稳压设定值是否正常。

(2) 若为充电装置异常引起,则将异常的充电装置停用,投入公用充电装置运行,并调整运行充电模块的输出电流。

二十五、直流电源系统接地

(一) 现象

(1) DCS 画面母线接地报警。

(2) 直流母线微机绝缘监测仪有“接地”报警并显示故障线路编号。

(二) 处理方法

(1) 查看微机直流绝缘监测仪所显示故障线路编号、接地极性及接地程度。

(2) 询问有关岗位该回路是否有人工作,若有则立即停止工作。

(3) 确认热机有无新启、停的设备,对有怀疑的设备系统应重点进行查找。

① 配合检修人员查找接地点:

a. 试停电压表、变送器、绝缘监察装置后,若仍接地,则说明充电装置、蓄电池及母线有接地点。

b. 从次要负荷到重要负荷，从室外到室内，最后停保护、热控负荷的顺序依次瞬时停电查找。

c. 试拉蓄电池直流输出开关，若仍接地，则说明充电装置及母线有接地点。

d. 试拉充电装置输出开关，如果接地消失，说明充电装置输出回路接地；如果接地仍不消失，说明是直流母线接地，应将直流控制负荷切至非接地母线运行，将故障母线停电。

② 检修处理完毕，尽快恢复原方式。

（三）查找直流接地时的注意事项

(1) 发生直流接地时，应迅速进行处理，不得延误，并停止直流回路上所有其他工作，以免造成两点接地或短路等发生。

(2) 进行支路试停电时，须经值长同意，会同继保人员或热工人员一起进行处理，处理过程中应考虑相关的继电保护和热工自动装置，采取避免开关、保护装置误动的措施。涉及电网保护电源停用前须征得调度同意。

(3) 试停电前，应通知有关值班人员，试停后，不论设备是否接地，均应立即送电。

(4) 在试停直流油泵电源时，必须确保油泵在停运状态。

(5) 不得将接地系统和非接地系统并列，严禁将两个接地系统并列。

(6) 直流电源系统接地应由两人进行处理，一人试拉，另一人严密监视绝缘监测装置变化情况，以判断接地是否由该支路引起。

(7) 使用万用表测量母线对地电压时，要注意表挡位置，并防止第二点接地。

(8) 找出接地支路后，联系检修人员共同处理，对故障支路上的负荷进行逐一试拉，直至找到接地点。

二十六、电网功率振荡

(1) 当系统发生振荡时，立即将本厂的振荡现象汇报调度，并按照调度命令进行处理，防止事故扩大。

(2) 为使失去同步的系统能迅速恢复正常运行，并减少运行操作，当发电机的振荡电流在允许范围内，不至于损坏系统重要设备时可以不解列。

(3) 当系统发生稳定破坏，又无法确定合适的解列点时，为防止系统瓦解并尽量减少负荷损失，维持功率平衡：当频率升高时，应立即自行降低出力，直至振荡消失或频率降到 49.50 Hz 为止。当频率降低时，应立即采取增加有功出力等措施（包括使用事故过负荷）使频率升高，直至 49.50 Hz 以上。

(4) 提高发电机无功出力，增加系统电压，尽可能使发电机电压提高至允许最大值。

(5) 在频率或电压严重下降到威胁到厂用电的安全运行时，将 6 kV 厂用电倒至备用电源运行。

(6) 在系统发生振荡时，现场运行值班人员在未接到调度命令前不得解列发电机组。

(7) 因本厂发电机振荡失去同步，应尽快判断出正常机组与振荡机组，按集控运行规程规定处理，尽快恢复机组正常运行。

(8) 若由于本厂发电机失磁而引起系统振荡时，立即将失磁的机组解列。

(9) 当系统振荡消除周波恢复后，立即做好将解列的发电机与系统并列准备工作，并列与否按调度命令执行。

(10) 准确及时记录电网功率振荡时现象及保护动作情况，便于事故分析。

二十七、机组控制系统异常及处理

(一) 现象

(1) 操作员站上显示画面冻结，黑屏或蓝屏。

(2) 报警装置发出"DCS 控制系统故障"信号。

(3) 操作员站上发出的控制指令均无效。

(4) 操作员站画面上设备、测点显示故障状态。

(5) 设备、阀门、挡板均不能控制。

(二) 处理方法

(1) 当有一台操作员终端故障时，运行人员使用其他的操作员终端继续监控，立即汇报值长，稳定工况，减少不必要的操作，并通知热控人员到现场处理。

(2) 当有两台或两台以上的操作员终端故障时，运行人员应尽量减少不必要的操作，使用其他操作员终端进行监控，通知热控人员到现场处理。并立即汇报值长，请示网调，解除 AGC，尽量保持负荷稳定。同时立即派专人对显示故障的重要系统进行就地监视及控制。

(3) 当全部操作员终端故障时，应立即请示相关领导和调度准备机组停运，机组停运前将公用系统倒由临机供给，使用硬手操启动主机润滑油泵和就地启动高压备用密封油泵，并加强机组本体运行参数、运行状况、润滑油、密封油、氢系统运行参数和设备运行情况的检查监视。

(4) 全部操作员终端故障停机，采用手动 MFT 方式使机组停运，机组停运后若各系统运行情况正常则汽轮机不破坏真空，维持真空在 70 kPa 以上，炉 MFT 后应就地监视汽门关闭和机组转速下降情况是否正常，机组润滑油和密封油系统运行参数是否正常，同时做好汽轮机或发电机不联停的手动停止汽轮机和解列发电机的操作分工和预想。并安排人做好炉 MFT 后各设备、阀门联动的检查和就地操作准备，尤其是六大风机、给水泵停炉后的就地停运以及就地启动顶轴油泵的检查和准备。

(5) 全部操作员终端故障停机，停炉通风 5 min 后，由两人持对讲机分别到 A/B 引风机就地事故按钮处，得令后同时用事故按钮停止两台引风机，检查确认两台送风机连锁停止。风机停止后联系设备部配合关闭所有烟风挡板闷炉。

(6) 全部操作员终端故障停机，必须加强机组润滑油、密封油、小汽轮机润滑油系统运行检查监视，并做好异常情况下，就地启动油泵的准备和分工。

(7) 全部操作员终端故障停机后，确认凝结水泵再循环门开启，就地关闭除氧器上水电动门和旁路门以及除氧器供汽电动门和旁路门，注意监视除氧器、凝汽器水位变化，防止出现除氧器、凝汽器满水和缺水现象。

(8) 全部操作员终端故障停机后，应就地检查确保发变组高压侧开关、灭磁开关和 6 kV 厂用电 A、B 段工作电源开关应跳闸，6 kV 厂用电 A、B 段备用电源开关应联动合闸成功，厂用电系统运行正常。

(9) 就地检查确保发变组开关未跳闸时，值班员在集控室控制盘上立即按下发电机紧急解列停机按钮，将发电机打跳，6 kV 厂用电 A、B 段备用电源开关应联动合闸成功。

(10) 当发电机跳闸或打闸后，如厂用电备用电源联动不成功而失电，就地检查柴油发电机是否自动联启向保安段母线供电正常，否则，若确认柴油发电机未自启动，立即在集控室控制盘上远程手动启动柴油发电机一次。

(11) 柴油发电机自启动或远程手动启动不成功时，就地检查无异常时就地手动启动柴油发电机一次向保安段送电。不成功则通知设备维护部电气一、二次人员迅速到现场检查处理，处理好后恢复向保安段送电。

(12) 如厂用电系统失电，按照已制定的失电措施和规程规定进行处理和恢复送电。

(13) 其余各项操作按故障停机停炉措施执行。

参考文献

[1] 北京国华电力有限责任公司. 国华电力仿真培训及评价标准[M]. 北京:中国电力出版社,2012.

[2] 陈启卷. 电气设备及系统[M]. 北京:中国电力出版社,2006.

[3] 郝思鹏. 1 000 MW 超超临界火电机组电气设备及运行[M]. 南京:东南大学出版社,2014.

[4] 胡念苏. 汽轮机设备及系统[M]. 北京:中国电力出版社,2006.

[5] 李火元. 电力系统继电保护与自动装置[M]. 2 版. 北京:中国电力出版社,2006.

[6] 李建刚. 汽轮机设备及运行[M]. 北京:中国电力出版社,2009.

[7] 梁国安. 电站锅炉操作技术[M]. 北京:中国计划出版社,2012.

[8] 卢文鹏. 发电厂变电站电气设备[M]. 北京:中国电力出版社,2001.

[9] 马培峰. 1 000 MW 超超临界机组仿真培训教程[M]. 北京:中国水利水电出版社,2018.

[10] 杨飞. 单元机组运行[M]. 2 版. 北京:中国电力出版社,2006.

[11] 叶涛. 热力发电厂[M]. 4 版. 北京:中国电力出版社,2012.

[12] 于国强,郑志刚,申爱兵. 单元机组运行[M]. 北京:中国电力出版社,2005.

[13] 张磊,李广华. 锅炉设备与运行[M]. 北京:中国电力出版社,2007.

[14] 张磊,马明礼. 汽轮机设备与运行[M]. 北京:中国电力出版社,2008.

[15] 张燕侠. 热力发电厂[M]. 2 版. 北京:中国电力出版社,2006.

[16] 朱全利. 锅炉设备及系统[M]. 北京:中国电力出版社,2006.